抽水蓄能电站基建工程
管理岗位培训教材

水工综合管理

国网新源控股有限公司　组编

中国电力出版社
CHINA ELECTRIC POWER PRESS

内 容 提 要

本书按照国网新源控股有限公司编制的基建工程管理岗位培训规范，介绍了水工综合管理岗位人员需要掌握的专业知识和业务技能，水工综合管理岗位包括工程建设管理、工程技术管理两个岗位，其中工程建设管理针对工程前期工作管理、工程建设征地移民管理、工程进度与计划管理、承包商管理、工程建设环保水保管理、工程建设档案管理、基建管理综合评价考核、工程尾工及后评价管理八个工作领域中Ⅰ级、Ⅱ级、Ⅲ级培训模块的培训内容进行了详细的阐述；工程技术管理针对工程技术管理、工程施工管理两个工作领域中Ⅰ级、Ⅱ级、Ⅲ级培训模块的培训内容进行了详细的阐述。

本书可作为水电厂基建工程管理中的移民征地管理、工程施工管理、水工管理岗位培训教材，也可供相关工程建设人员参考使用。

图书在版编目（CIP）数据

水工综合管理 / 国网新源控股有限公司组编．—北京：中国电力出版社，2017.12（2022.6 重印）
抽水蓄能电站基建工程管理岗位培训教材
ISBN 978-7-5198-1529-5

Ⅰ．①水…　Ⅱ．①国…　Ⅲ．①抽水蓄能水电站–水利工程管理–岗位培训–教材　Ⅳ．①TV743

中国版本图书馆 CIP 数据核字（2017）第 309280 号

出版发行：中国电力出版社
地　　址：北京市东城区北京站西街 19 号（邮政编码 100005）
网　　址：http://www.cepp.sgcc.com.cn
责任编辑：孙建英（010-63412369）　郑晓萌
责任校对：郝军燕
装帧设计：赵姗姗
责任印制：蔺义舟

印　　刷：三河市百盛印装有限公司
版　　次：2017 年 12 月第一版
印　　次：2022 年 6 月北京第二次印刷
开　　本：787 毫米×1092 毫米　16 开本
印　　张：12
字　　数：265 千字
印　　数：2001—2800 册
定　　价：65.00 元

《抽水蓄能电站基建工程管理岗位培训教材》

编 委 会

前 言

当前，经济全球化、社会信息化、能源清洁化持续推进，宏观经济形势、能源发展格局、生产消费方式深刻变化。国家电网公司围绕全面建成“一强三优”现代公司，推动构建全球能源互联网，科学谋划了“十三五”发展目标，对抽水蓄能电站做出“加重、加快、加大”建设的重要部署。“十三五”时期，国网新源控股有限公司（以下简称国网新源公司）规划电源新开工抽水蓄能电站 29 座，容量 3645 万 kW，每年开工项目 5～6 个。到 2020 年，国网新源公司运行容量 2935.4 万 kW（其中，抽水蓄能 2437 万 kW，常规水电 498.4 万 kW），在建容量 4575 万 kW（全部为抽水蓄能项目），可控容量 7510.4 万 kW。国网新源公司要在“十三五”期间实现初步建成抽水蓄能行业国际一流企业和水电行业示范企业的目标，离不开水电厂运维管理、水电厂安全管理、水电厂基建工程管理等三大核心专业的建设与发展。其中，基建工程管理作为抽水蓄能电站建设的基础岗位，其人才培养的速度与质量直接决定了整个公司的发展速度，创新基建工程管理人才培养模式已成必然之势。在国网新源公司各级领导高度重视下，经过全体编审人员一年时间的努力，《抽水蓄能电站基建工程管理岗位培训教材》出版了。

本套教材有其自身鲜明的特点。一是内容的针对性更强，专门针对抽水蓄能电站基建工程管理岗位人员进行编写，能满足该岗位人员工作所需的基建工程管理知识；二是书中的案例都是抽水蓄能电站建设过程中基建工程管理人员沉淀下来的经验、现场做法，将案例与理论相结合，既体现了教材的专业性，也不乏工作情景的支撑，通俗易懂，使读者学习起来不枯燥；三是填补了国内对抽水蓄能电站基建工程管理岗位人员培训教材的空白。

本套教材以提升岗位胜任能力为目标，以岗位培训规范为依据，阐述了基建工程管理的基本概念，内容涵盖了基建工程管理业务的各个方面，包括工程安全管理、工程质量管理、水工综合管理、工程机电管理、工程技经管理等岗位的培训内容。教材中将培训模块划分为三级，其中，Ⅰ级主要面向新入职的大学毕业生，Ⅱ级主要面向入职3～5年、已熟练掌握基建工程管理相关业务的人员，Ⅲ级主要面向入职5年以上、具有丰富的基建工程管理经验的专业人员。

本套教材凝聚了国网新源公司多年来专业技术骨干、安全管理、质量管理、人力资源管理等人员的心血与汗水，编写过程中得到了河北丰宁抽水蓄能有限公司、山东文登抽水蓄能有限公司、浙江仙居抽水蓄能有限公司、山西西龙池抽水蓄能有限公司、河北张河湾蓄能发电有限责任公司等相关人员的大力支持，在此一并表示感谢，希望教材对使用者快速成才有所裨益。

限于作者水平，书中难免有疏漏和不妥之处，恳请广大读者批评指正。

编　者

2017年12月

目　录

第二篇　工程技术管理

第一篇 | 工程建设管理

第一章 工程前期管理

模块1 工程前期管理的概述与内容（Ⅰ级）

模块描述 工程前期管理工作是指国网新源控股有限公司（简称国网新源公司）系统内的抽水蓄能项目、常规水电项目自站点选择研究、发展规划、预可行性研究、项目建设必要性论证、可行性研究，直至项目申请并取得核准所开展的各项管理工作。工程前期管理工作随着项目论证和设计的深度，按照立项审批的程序来进行阶段划分的。

正 文

一、工程前期工作阶段划分

工程前期工作可分为项目站点选择研究、预可行性研究、可行性研究和项目核准几个阶段。

（1）项目站点选择研究阶段。国家电网公司经营区域抽水蓄能选点规划工作由国家能源局发起和提出工作要求，国网新源公司配合水电水利规划设计总院（简称水规总院）和地方政府开展抽水蓄能电站选点规划工作，委托设计单位根据前期站点资源普查，编写选点规划报告，推荐后备站点资源，并配合水规总院和地方政府开展选点规划报告审查。为确定抽水蓄能电站发展规模、地区布局及建设时序，国网新源公司需在选点规划基础上，根据经济社会发展目标、电力需求水平和特性及变化趋势，按照电网总体发展规划和抽水蓄能选点规划，编制抽水蓄能发展规划。

（2）预可行性研究阶段。对于列入抽水蓄能选点规划的站点，由国网新源公司履行决策程序，适时启动抽水蓄能项目预可行性研究阶段前期工作，通过招标确定预可行性研究阶段勘察设计单位。国网新源公司或项目建设单位（筹建处）组织完成预可行性研究报告编制后，由国网新源公司或委托咨询机构进行审查（评审）。项目预可行性研究报告通过审查（评审）后，国网新源公司适时启动项目建设必要性论证工作。

（3）可行性研究阶段。项目建设单位（筹建处）按照国家电网公司抽水蓄能项目前期工作计划，组织开展项目可行性研究工作，编写项目可行性研究报告。组织设计单位开展地震安全性评价、地质灾害评估、压覆矿床、考古文物、征地移民、水工程、防洪评价、水资源论证、取水许可、水土保持、环境保护、社会稳定风险分析、接入系统、工程安全预评价、现有水库的改建和利用、防震抗震、工程安全监测、项目选址、节能评估、土地预审等专题研究和文件报批，编写可行性研究报告。

（4）项目核准阶段。项目核准所需支持性文件按项目所在地项目核准单位要求，完成核准所需支持性文件准备后，组织编制项目申请报告报送项目核准单位。

二、工程前期工作内容

（一）预可行性研究

为确保投资方利益，在启动项目预可行性研究以前，国网新源公司与项目所在的地方政府签订合作意向书，取得地方政府（项目所在地县级人民政府）的支持，明确投资主体权益。通过公开招标确定预可行性研究阶段勘察设计单位，由国网新源公司或国网新源公司授权单位与预可行性研究阶段勘察设计单位签订该阶段的设计合同。根据国家基本建设程序的规定和该阶段设计合同，以及工程设计进度要求，设计单位依据规程、规范开展预可行性研究阶段的勘察设计工作，使之达到相应的深度要求，编制完成《项目预可行性研究报告（初稿）》。在完成内部审查后，形成报送稿由国网新源公司或国网新源公司委托的咨询机构进行审查(评审)，直到取得项目《预可行性研究报告审查意见》。

（二）项目建设必要性

项目筹建单位通过招标确定项目建设必要性论证的设计单位，并按照有关规定委托有关评审机构对项目建设必要性进行评审，取得《评审意见》。

（三）项目可行性研究

在履行项目建设的决策程序后，启动项目可行性研究工作。通过招标确定项目可行性研究工作的勘察设计单位，委托项目可行性研究工作，应包含下列专题研究工作：征地范围文物调查及勘探情况报告、压覆矿床资源调查、地质灾害危险评估、水土保持方案、防洪专题、水工程建设专题、水资源论证、取水许可申请（目前政府审批流程准许“水资源论证、取水许可”合二为一)、环境影响评价、社会稳定风险评估、工程安全监测设计、项目选址可行性研究、电站防震抗震专题、正常蓄水位选择专题、施工总布置规划专题、枢纽布置格局比选、征地范围内实物调查、建设征地移民安置规划大纲、建设征地移民安置规划报告、节能评估、项目申请报告等。

电站接入系统设计、工程安全预评价、社会稳定风险评估等专题，由筹建单位单独招标委托有资质的单位编制。

可行性研究报告通过审查后，国网新源公司上报国家电网公司批准。

（四）项目核准

在开展项目可行性研究工作的过程中，筹建单位着手准备项目核准文件，包括：组织编制项目选址可行性研究报告，取得项目所在地省级人民政府有关部门的批复；组卷项目建设用地预审资料，取得项目所在地省级人民政府有关部门的批复；按照国务院投资主管部门制定的通用文本和行业示范文本编制项目申请报告。

项目可行性研究报告经国家电网公司批复后，启动抽水蓄能项目核准工作。筹建单位（项目公司）根据上级安排，适时将项目申请报告报送项目所在地省级人民政府投资主管部门，同时做好项目核准过程中与地方政府的协调工作，取得项目核准批复。

模块 2　工程开工条件准备管理（Ⅰ级）

模块描述　抽水蓄能电站开工条件的准备应在项目可行性研究阶段即着手。开工条件准备工作主要包括征地移民、招标设计阶段勘测设计、前期工程和服务标招标、进度计划和工程管理总策划编审等工作。

正　文

各项准备工作的具体内容、要求和一般情况下的时序安排见表 1–1。

表 1–1　　项目开工前建设管理准备工作内容

编号	工作内容	时间安排	说明和要求
一、征地移民工作			
1	土地预审	可行性研究报告编制过程中，用地规划确定后即组织申报，项目核准申报前取得批复	材料准备：预可行性研究报告批复（路条）、可行性研究报告综合篇、征地红线图（含有坐标）、符合土地利用总体规划、土地利用现状图、基本农田补划方案、节地评价（不同省份的要求可能不同）等
2	建设征地与移民安置协议洽商与签订	可行性研究报告通过审查后，项目核准前完成协议内容洽商和国网新源公司基建部报批工作，项目核准后立即签订协议，以尽快组织开展征地移民工作	可行性研究报告通过审查后，项目筹建处应协调地方政府成立征地与移民安置组织机构，开始商谈“建设征地与移民安置协议”的有关内容；基本达成一致意见后报国网新源公司基建部审批；经国网新源公司基建部审核批复同意并在项目核准后签订协议，同时报公司备案。 说明：《移民条例》规定：“大中型水利水电工程开工前，项目法人应当根据经批准的移民安置规划，与移民区和移民安置区所在的省、自治区、直辖市人民政府或者市、县人民政府签订移民安置协议”
3	《使用林地可行性报告》编制	土地预审通过后	委托有资质的单位编制《使用林地可行性报告》，并经过省林业部门审查。应在使用林地报批前完成
4	使用林地报批（永久和临时）	先行用地的使用林地报批在土地预审通过后开始，其他建设用地的使用林地报批在项目核准后开始。 建设用地（先行用地）报批前完成	（1）依据《占用征用林地审核审批管理办法》的相关规定，向相应的林业主管部门申请。林地报批前按照规定上缴森林植被恢复费（永久用地部分）。 需要准备的材料包括：项目核准批复、使用林地可行性报告、使用林地协议、林权证、征地红线图等。 （2）拟征用临时用地含有林地的，按批复权限取得相应林业主管部门的《使用林地审核同意书》
5	《土地勘测定界技术报告》编制	可行性研究报告审查通过后，建设用地报批前完成	开展土地勘测定界工作，委托有资质的单位编制《土地勘测定界技术报告》（含勘测定界图）。在上报建设用地报批组卷前完成
6	先行用地报批	可行性研究报告审查通过后，项目核准后 3 个月内完成	可行性研究报告审查通过后，根据《关于加大用地政策支持力度促进大中型水利水电工程建设的意见》可以开展先行用地报批工作。 材料准备：项目可行性研究报告、林业部门承诺（若有林地）、先行用地征地示意图等

续表

编号	工作内容	时间安排	说明和要求
7	建设用地报批	项目核准、获得使用林地审核同意书后，项目核准后6~8个月完成	（1）项目核准、获得使用林地审核同意书后开展建设用地报批。 材料准备：项目核准批复、使用林地审核同意书、压覆矿报告、地灾报告、社保上缴认定（社保厅）、土地勘测定界技术报告（含勘测定界图）、土地复垦技术报告、征地协议等。 （2）根据耕地占补平衡的要求，若征用土地含有耕地，耕地开垦费在建设用地报批前交项目所在地财政。 （3）耕地占用税（永久用地部分）在土地报批完成后或国土资源部批复后交项目所在地财政
8	《建设项目土地复垦方案报告书》编制	可行性研究报告审查通过后	可行性研究报告审查通过后，委托有资质的单位编制《建设项目土地复垦方案报告书》，并通过省级土地管理有关部门审查
9	临时用地协议	项目核准后	开展临时用地报批，拟征用临时用地含有林地的，按批复权限取得相应林业主管部门的《使用林地审核同意书》。 材料准备：临时用地申请表、《使用林地审核同意书》、临时使用土地协议、《建设项目土地复垦方案报告书》、临时用地勘测定界图等
10	（1）移民搬迁（过渡安置搬迁）。 （2）房屋及构筑物拆除。 （3）坟墓迁移	项目核准并征地移民安置协议签订后，尽早组织实施	（1）项目核准后，与地方移民机构协商尽快开展移民安置工作，根据协议由地方政府负责组织开展移民搬迁、房屋及构筑物拆除、坟墓迁移。要求开工前完成工程区内全部移民搬迁和坟墓迁移，先行用地区的房屋及构筑物拆除完成。 （2）为满足开工建设需要，可采用移民过渡安置，过渡期应在两年以内
11	进场道路共建	根据与地方政府沟通进展，应在筹建期项目开工前开始实施	如果进场道路采用地方政府共建的方式，应在项目核准前与地方政府达成一致意见，并向国网新源公司基建部报批。项目核准后，尽快启动共建协议签订和项目实施工作
二、招标设计工作（设计合同签订后9个月内，完成招标设计和成果审查）			
1	工程总平面审查	工程总平面审查分可行性研究和招标设计两个阶段。土地预审申报前完成可行性研究阶段的审查	（1）可行性研究阶段的设计工作应结合工程总平面布置成果和审查要求，如可行性研究设计的征地红线应结合总平审查意见。 （2）可行性研究设计阶段工程总布置规划设计时，即组织设计单位开展可行性研究阶段的工程总平面布置设计，经项目公司审查后报国网新源公司基建部审查。 （3）总平面设计审查采用现场审查和成果汇报的方式。 （4）招标设计阶段的总平面设计成果经项目单位内审，报国网新源公司基建部审批后组织实施
2	招标设计专题报告审查	可行性研究工作结束后开始专题报告编制，项目单位内审后报新源公司基建部和技术中心审查。 要求在主体工程招标前完成审查、修订工作	（1）招标设计阶段需报公司审查的专题报告有：工程分标方案、施工组织设计、场内道路布置和招标设计阶段专题报告。 专题报告包括《土石方平衡设计专题报告》《渣场设计专题报告》《表层土在水土保持上的利用设计专题报告》《用水系统及施工用水的设计专题报告》《用电系统及施工用电的设计专题报告》《水土保持设计标准与方案设计专题报告》《环保设计标准与方案设计专题报告》《生态环境规划设计专题报告》《场内排水设计专题报告》等。 （2）可行性研究工作结束后，项目单位组织设计单位开展上述各项专题报告的编制和内审，按新源基建〔2017〕40号等文件要求分别报送国网新源公司基建部和技术中心，由技术中心组织，国网新源公司基建部参加，开展现场审查，国网新源公司基建部印发审查意见，项目单位组织设计单位按审查意见修订后报送国网新源公司基建部备案。 （3）专题报告由国网新源公司基建部和技术中心按分工安排开展审查，可结合上条现场审查同时开展

续表

编号	工作内容	时间安排	说明和要求
3	招标设计报告（其他部分）审查	可行性研究工作结束后，结合上述专题报告编审同时开展	（1）技术中心组织审查，国网新源公司基建部印发审查意见。由设计单位修订完成，并经技术中心复核后，报送国家电网公司审查。 （2）按办基建〔2016〕43号，项目开工前招标设计报告应报国家电网公司审查
三、招标工作			
1	招标和施工图阶段设计标招标	取得可行性研究报告审查意见后，组织招标文件编制、报审，尽早具备招标条件	（1）设计标招标文件的编制和内审应在取得可行性研究报告审查意见后1个月内完成；然后报送国网新源公司、国家电网公司审查。 （2）在取得国家电网公司的可行性研究报告审查批复后，向国家电网公司提出招标申请，经审批后，在单独招标批次或结合最近集中招标批次进行招标
2	监理和“多洞一路”前期施工标招标	（1）取得可行性研究报告审查意见后，组织招标文件编制、报审。 （2）项目核准前应具备招标条件。 （3）项目核准后可尽早组织招标	（1）项目取得可行性研究报告审查意见后2～3个月内（且不晚于预测取得项目核准批复的日期）完成施工监理和“多洞一路”前期标招标文件的编制和内审，确保项目一经核准，即可开展招标工作。 （2）项目一经核准，即向国家电网公司提出开展招标申请，按国家电网公司安排结合最近集中招标批次进行招标
3	其他监理、监测招标	在主体监理标招标文件编制前，应确立监理分标方案； 项目核准后，根据工程进度计划适时组织需其他监理、监测招标	（1）此类项目包括：各类监理［移民、水土保持、环境保护、爆破（含爆破安全评估）］，水土保持和环境保护监测，土建和物探试验室等。 （2）提前与当地政府相关部门联系，对于水土保持、环境保护、爆破监理无特殊要求的，可含入施工监理中。 （3）在项目取得可行性研究审查意见后2～3个月内（且不晚于预测取得项目核准批复的日期）完成上述服务类项目的招标文件编制和内审，确保项目一经核准，即可开展招标工作
4	业主营地工程招标	（1）在总平面审查批复后，立即组织工程设计和施工招标文件编制审查。 （2）项目核准后，尽早组织业主营地工程施工招标	（1）设计标合同签订后3～6个月内，项目单位组织设计单位完成业主营地标招标文件的编制和内审。 （2）在项目核准后，及时开展招标工作。 （3）业主营地标工作内容可包括场平、建筑、装修等形成一个整体标段
5	土建工程标	在招标设计的分标规划和施工组织设计审查通过后，立即组织土建工程施工标招标文件编制、审查；根据筹建期工程进展和主体工程进度计划安排，适时启动土建工程施工招标	根据工程进展，及时开展土建工程标招标文件的编审工作
四、计划管理			
1	里程碑进度计划编审	筹建期工程开工后3个月内	（1）筹建期工程开工后3个月内，项目单位根据可行性研究工期和工程实际，完成《工程建设里程碑进度计划》编制和内审，报国网新源公司基建部审查。 （2）主体工程开工前，向国家电网公司报送关键里程碑节点审查
2	工程建设总进度计划（一级进度计划）编审	筹建期工程开工后6个月内，且完成里程碑进度计划的内审后	完成里程碑进度计划的内审后2个月内，项目单位组织编制《工程建设总进度计划》，在里程碑进度计划批复后30天内，完成修订，经总经理审批后报国网新源公司基建部备案

续表

编号	工作内容	时间安排	说明和要求
3	工程开工条件准备情况、开工申请	项目核准后，预期开工日期前不少于3个月，或根据通知	（1）项目取得核准后，预期开工日期前不少于3个月，或根据国网新源公司通知要求，开始报送项目开工条件准备情况进展情况表。 （2）报送频次一般为每周1～2次。 （3）落实开工条件后向国网新源公司基建部报送开工申请。 （4）国网新源公司发展部向国家电网公司发展部备案后，国网新源公司基建部向国家电网公司报送开工申请报告。 （5）开工后向地方能源机构及时备案开工信息和15天内备案安全措施
五、工程管理策划			
1	工程建设管理总体策划编审	取得可行性研究报告审查意见后，开始组织编制、内审	（1）在取得可行性研究报告审查意见后，项目单位编制《工程建设总体策划方案》，经项目单位内审后，在筹建期工程开工前3个月，报国网新源公司基建部审查。 （2）含工程达标创优与控制专项策划分册。 （3）国网新源公司基建部组织分专业、部门审查，提出审查意见，召开工程建设总体策划专题审查会。项目单位按审查意见进行修订，经国网新源公司相关部门核定后批复项目单位执行

模块3 工程建设开工管理（Ⅱ级）

模块描述 本模块介绍了主体工程与非主体工程开工需要具备的开工条件，各有关单位及部门的职责、管理活动的内容，以及针对主体工程与非主体工程开工管理流程。

正 文

电力建设工程实行属地备案原则。依法取得核准的电力建设工程，在工程开工后及时向所在地电力监管机构提交备案材料，备案材料主要包括工程项目基本情况、工程项目建设管理单位基本情况、参建单位基本情况、安全管理措施及当地电力监管机构要求的其他材料。

一、主体工程开工管理

抽水蓄能电站建设项目的主体工程，是指建筑主体工程（上水库、引水系统、地下厂房洞室群、下水库、开关站及中央控制楼等）、金属结构和机电设备工程（发电机组及辅助设备、电气设备等）。一般施工时段在主厂房顶拱开挖至最后一台机组签发移交证书期间。

（一）施工承包商工程建设开工前应具备的条件

施工承包商项目经理部组织机构已建立，参与首批开工分部工程的人员已到位；

合同工程施工组织设计、首批开工的分部工程施工方案、合同工程范围内的环境保护及水土保持方案及合同工程二次策划（安全文明施工、质量、进度等）已经监理单位批准；合同规定的用于合同工程的主要施工设备和机具，已进场安装调试，达到使用条件；合同规定的项目主要管理人员已经到位；所有进场人员经过安全培训并考试合格；分包工程的手续符合规定；安全管理组织机构已建立健全；质量管理组织机构已建立健全。

（二）监理单位工程建设开工前应具备的条件

按照监理委托合同的要求，监理单位现场组织机构已建立，派驻现场管理人员已到位，与首批开工的分部工程有关的各专业持证人员已到位。

监理单位进场后需要开展工程建设项目开工前的技术准备工作，同时报送项目建设单位审批或备案，包括：项目工程监理规划；先期开工项目的监理实施细则；已审查的施工承包商合同工程的施工组织设计及其监理意见；监理单位分年度、分专业、分项目的人员配置计划；监理单位对开工的分部工程施工图纸已组织会审，并进行了设计交底，对提出的问题已落实。

监理单位还需要对施工承包商报送的开工申请报告，以及施工承包商开工前的必备条件和技术准备情况，逐项进行检查落实，审批后并报送项目建设单位。

（三）项目建设单位工程建设开工应具备的条件

主体工程开工前，按照国网新源公司管理流程，关键性的技术管理工作需要国网新源公司主管部门批准或备案，主要包括工程建设项目工程分标规划报告和施工组织设计，工程建设项目管理总体策划（含安全、质量、工期、造价、科信、物资等方面），工程建设项目里程碑进度计划，工程建设总进度计划（工程建设一级进度计划），工程达标投产控制方案等。

主体工程开工必备条件包括：合同工程的分部工程项目已划分确定，开工的分部工程项目已确定；合同工程范围内的平面控制点坐标和高程基准点已交接；合同工程的施工图纸至少可满足连续 6 个月施工的需要；合同工程永久用地及按施工承包合同规定，由项目建设单位提供的临时用地的附着物已清理完毕；工程安全管理组织机构已建立健全；工程质量管理组织机构已建立健全。

（四）主体工程开工审批

施工承包商经过自检确认单项主体工程已具备开工条件后，向监理单位进行单项主体工程开工申请，监理审核后报送项目建设单位审批。需要注意的是，主体工程开工需要项目建设单位报送国网新源公司主管部门进行审批，主管部门审核通过后，以部门《公司基建部批准单项主体工程开工报告》文件形式，予以批复，该报告包含主体工程开工申请、主体工程开工申请会签单、主体工程开工必要条件检查表。基建项目单位取得意见后书面通知监理单位，由总监理工程师签署开工令。

二、非主体工程开工管理

抽水蓄能电站非主体工程是指除了主体工程以外的房屋、道路等工程，如交通工程、房屋建筑工程、外部供电线路工程。

（一）施工承包商和监理单位应具备的条件（参照主体工程开工条件进行管理）

项目建设单位非主体工程开工必备条件包括：合同工程永久用地及按施工承包合同规定由项目建设单位提供的临时用地的附着物已清理完毕；合同工程范围内的平面控制点坐标和高程基准点已交接；合同工程的分部工程项目已划分确定，开工的分部工程项目已确定；工程安全管理组织机构已建立健全；工程质量管理组织机构已建立健全。

（二）非主体工程开工审批

施工承包商经过自检确认非主体工程已具备开工条件后，向监理单位进行非主体工程开工申请，监理审核后报送项目建设单位审批，项目建设单位书面通知监理单位，由总监理工程师签署开工令。

三、单位工程开工管理

单位工程是指具有独立的区域施工条件或独立运行功能的工程项目。

（一）单位工程开工条件

施工承包商和监理单位应具备的条件，参照主体工程开工条件进行管理。

项目建设单位工程开工的必备条件包括：单位工程永久用地及按施工承包合同规定由项目建设单位提供的临时用地的附着物已清理完毕；单位工程范围内的平面控制点坐标和高程基准点已交接；单位工程的分部工程项目已划分确定；工程安全管理组织机构已建立健全；工程质量管理组织机构已建立健全。

单位工程开工其他条件参照主体工程开工条件执行。

（二）单位工程开工审批

施工承包商经过自检确认该单位工程已具备开工条件后，向监理单位进行单位工程开工申请，监理审核后报送项目建设单位审批，项目建设单位书面通知监理单位，由总监理工程师签署开工令。

四、重大施工项目开工管理

重大施工项目是指重要的、危险性较大、社会影响较大、国网新源公司主管部门或项目建设单位认为列入重大作业范围进行监管的项目。重大施工项目属主体工程或非主体工程施工过程中进行的分部分项工程，包括但不限于达到一定规模的危险性较大的分部分项工程和超过一定规模的危险性较大的分部分项工程。

按国家有关规定，对达到一定规模的危险性较大的分部分项工程，施工承包商项目部总工程师，组织编制《专项施工方案》（含安全技术措施），并附安全验算结果，经施工承包商技术、质量、安全等职能部门审核，施工承包商总工程师审批，监理单位项目总监理工程师签字后，由施工承包商项目部总工程师交底，专职安全管理人员现场监督实施。

对深基坑、高大模板及脚手架、重要拆除爆破等超过一定规模的危险性较大的分部分项工程的《专项施工方案》（含安全技术措施），施工承包商应按国家有关规定，组织专家进行论证、审查，并根据论证报告，修改完善《专项施工方案》，经施工承包商总工程师签字确认，监理单位总监理工程师审核，项目建设单位总经理签字后，由施工承包商项目部总工程师交底，专职安全管理人员现场监督实施。

在施工过程中，施工承包商安全管理应按照批准的《专项施工方案》进行控制，不得擅自修改、调整。如因设计、结构、外部环境等因素发生变化确需修改的，修改后的《专项施工方案》，重新履行审批手续。

五、工程停工与复工管理

（一）工程停工管理

总监理工程师针对施工现场发生的违反质量、安全、环境保护及项目建设单位相关规定的行为，有权要求承包商立即停止施工，报项目建设单位办理停工手续。

项目建设过程中发生下列情况之一时，在征得项目建设单位同意的情况下，总监理工程师可向施工承包商下达暂停施工的指令：

（1）严重违反国家相关法律法规和业主相关管理规定。

（2）故意不执行设计文件和标准规范或严重偷工减料。

（3）发现重大安全隐患。

（4）发现重大质量隐患。

（5）造成重大环境污染和破坏。

（6）发生群体社会事件。

（7）与项目管理人员发生严重对抗。

（8）其他必须停工的事件。

紧急情况下，总监理工程师可以直接签发《工程暂停指令单》，事后及时补报审批手续。

项目建设单位要求施工承包商暂停施工的，由项目建设单位发函至监理单位，书面提出停工建议，监理单位同意后由总监理工程师下达指令，暂停施工。

（二）工程复工管理

工程建设暂停施工后，监理单位应与项目建设单位和施工承包商沟通协商，采取有效措施，积极消除停工因素的影响。当工程建设现场指定的问题完成整改后，监理单位确认达到复工条件时，监理单位在征得项目建设单位审核同意后，总监理工程师下达复工通知，施工承包商应在指定的期限内复工，并向监理单位提出复工报告报监理单位审批。

思考与练习

1. 抽水蓄能电站建设项目的主体工程有哪些？

2. 什么情况下总监理工程师可以直接签发《工程暂停指令单》，事后及时补报审批手续？

3. 申请单位工程开工时，项目建设单位应具备哪些条件？

4. 简述主体工程开工管理流程的环节。

模块 4　工程建设总体策划管理（Ⅲ级）

模块描述　本模块详细介绍了工程建设管理总体策划、分级策划、二次策划的内容与要求，通过要点讲解，能够使读者自行编制策划，并能审核二次策划。

正　文

一、工程建设管理总体策划内容与要求

项目工程开工前，项目建设单位应按照公司《工程建设总体策划管理标准》的要求，依据《抽水蓄能电站工程建设管理总体策划导则》，组织开展工程建设管理总体策划。总体策划方案应在工程开工前 3 个月编制完成，按管理标准的相关编审流程要求，报经国网新源公司基建部批准后，项目建设单位按策划方案组织实施各项管理工作。总体策划包括工程概况、安全管理和文明施工管理、质量管理、工期控制、工程造价控制、工程达标创优策划与控制、工程技术管理、科技管理、信息管理、物资管理、档案管理、合同管理、征地移民管理、工程风险管理、设计单位管理、监理单位管理、施工承包商管理 16 项策划内容。

（一）工程概况

工程概况应列明项目工程的规模，枢纽建筑物，地形、地质条件，工程分标及主要施工项目和工程量等；对工程所处地域气候、交通、社会环境及特殊水文、工程地质、技术难点等进行分析；明确项目工程建设管理目标；规定工程建设管理总体策划的适用范围及时段。

（二）安全管理和文明施工管理策划

1. 一般规定

安全管理和文明施工管理策划首先要建立健全工程建设项目安全生产保证体系和监督体系，成立工程项目安全生产委员会，安全生产委员会（安委会）由项目建设单位牵头组建，设计、监理、施工等参建单位共同参与，统一组织协调工程建设安全生产工作并说明安委会的主要职责。

安全生产保证体系由项目建设单位行政正职、副职、各部门负责人、总监、设计项目经理或设代处长、项目部经理和总工程师组成。列出安全生产保证体系人员名单及相应的组织机构图。从技术上针对工程的特点提出危险点和重要控制环节与对策，针对工业卫生、环境条件，提出安全防护和文明施工的标准。提出出现危险及紧急情况时的有针对性的预防与应急措施。

安全监督体系由项目建设单位安全第一责任人、分管安全副职、安全监督部门负责人和专职安监人员，总监理工程师、专职安全监理工程师，工程施工承包商安监责任人和专职安监人员组成安全监督网络。列出安全监督体系人员名单并附相应的组织机构图。

对施工全过程，依据相关规程、规定、方案和措施（作业指导书）及安全策划进行跟踪监督，纠正人的不安全行为、物的不安全状态及管理上的缺陷。

2. 安全生产和文明施工管理措施

安全生产和文明施工管理应进行策划的措施有安全教育培训、例行会议、施工安全方案管理、安全检查、施工分包安全管理、安全工作考核、安全监督等。

（1）安全教育培训策划包括培训计划、培训方式、培训内容和督促检查措施等。

（2）例行会议策划时应明确各类安全例行会议的召开时间、内容等。

（3）施工分包安全管理策划时应提出资格准入、分包合同审查、分包安全管理等方面的措施。

（4）安全检查策划时应阐述安全检查包括例行检查、专项检查、随机检查的具体内容、时间、办法和要求，安全工作考核策划时应重点阐述安全管理考核方面的措施。

（5）施工安全方案管理策划应对各类施工安全方案的编制、审查等作出规定。施工安全方案是工程现场施工安全工作执行的各类安全文件的统称。

（6）安全管理制度策划和台账策划应明确需要建立的安全管理标准和实施细则，以及各参建单位应建立的安全管理台账。

（7）安全生产文明施工设施标准化策划包括一级策划和二级策划，一级策划为工程总体策划，二级策划为各施工标段的策划。

（8）策划原则是施工现场布置条理化、机料摆放定置化、环境影响最小化。

3. 安全风险管理策划

对工程建设过程及施工规划报告，结合工程实际情况分区域或分部位，对工程危险源进行辨识、评价，确定重大危险因素，并制订有针对性的风险控制措施和必要的应急现场处置方案，开展风险预控活动，责任及措施落实到位。

4. 应急和事故处理

（1）应急管理策划。成立工程项目事故预防与应急处理指挥部和小组，明确各机构成员；应阐述制定事故应急救援预案的目的和开展应急处理的相关工作要求；针对重大安全隐患或可能造成人员伤亡安全事故的重大危险源建立的各类应急现场处置方案。

（2）事故处理策划。针对事故（事件）危害程度、影响范围和单位控制事态的能力，将事故（事件）分为不同的等级；按照分级负责的原则，明确应急响应级别，制定事故响应和报告制度，确保事故应急响应要及时、迅速、有序、处置正确。如自身应急处置能力不足，及时请求当地人民政府应急机构支援。

5. 动态管理

项目建设单位每年组织召开专题会议，对策划方案实施情况进行分析改进，对好的做法和经验组进行推广、交流，对存在问题进行分析改进。

（三）质量管理策划

1. 质量管理组织机构及职责

质量管理策划要建立以项目建设单位为主导，设计技术支持，监理监控，施工承包商或供应商保证的工程质量管理体系。成立工程质量管理委员会（质管会），明确质管会主要任务。设计、监理、施工承包商等单位应建立各自的质量管理机构；对工程质量检测试验方面做出规定，明确第三方试验室运作方式、管理职责、权限范围等。对于实行的工程质量管理基本制度进行说明。

2. 项目建设单位质量管理工作机制

项目建设单位作为工程建设质量管理的主导方，是工程质量的第一责任人，应对项目建设单位如何开展质量管理工作的机制进行阐述，包括信息报送、质量会议安排、内部管理程序、督导监理、质量评价、总结、考核等内容。

3. 质量管理强条宣贯与制度策划

质量管理策划要明晰落实质量管理强条的各方职责及工作流程，提出对强条宣贯情况纳入质量考核；有效执行质量管理标准，应明确工程质量管理必须遵循的有关质量管理标准，并提出根据质量管理标准的要求制定的相关质量管理实施细则；全面应用“标准工艺”，提升施工工艺水平；推行施工“标准工艺”应用。

4. 设计评审管理策划

加强工程设计评审管理力度，着力于从设计源头消除工程质量隐患，减少工程实施阶段设计变更数量。

5. 施工过程质量管理

施工过程质量管理策划涉及土建施工过程的质量管理，机电设备采购、安装、试验质量管理，施工质量验收管理，档案及影像资料管理，建立样板墙制度等。

（1）土建施工过程的质量管理应对原材料质量、试验、主要工程质量控制要点、过程质量等进行控制管理。质量控制应说明原材料进场、检验、存放等环节的质量管控措施。质量控制要点管理应介绍土石方开挖工程、坝体填筑工程、混凝土工程等质量控制要点。试验管理应阐明第三方试验室建立模式，规定工程试验送检、监理抽检要求等。主要工程的质量应采取事前、事中及事后质量控制措施。

（2）机电设备采购、安装、试验质量管理应明确机电设备招标、制造、监造、出厂验收等过程的质量控制措施，列明机电设备安装、试验的控制要点。

6. 工程质量监督策划

工程质量监督策划应阐明接受的质量巡视监督工作的主要内容，明确各参建单位必须接受质量监督总站对工程质量的例行巡视检查，积极协助其了解、掌握工程质量和质量管理状况，认真对待、自查、整改巡视中指出的问题，落实巡视中提出的建议和要求。

7. 质量事故的报告、调查和处理

质量事故的报告、调查和处理应列明工程质量事故的定义和分类，阐述质量事故调查、分析、处理的有关规定。

8. 动态管理

结合年度基建质量管理策划方案的编制，开展有特色的、符合工程实际情况的质量动态管理工作；每年组织召开专题会议，对策划方案实施情况进行分析改进，对好的做法和经验组进行推广、交流，对存在的问题进行分析改进。

（四）工期控制策划

工期控制策划应基于国家发改委核准的工期计划，结合工程施工条件和项目特征，提出策划的工期控制目标及工程里程碑计划；重点关注关键线路上的主要施工项目的工程量、施工难易程度、工程地形、地质和施工条件等制约进度的因素进行透彻分析，提出采取的对策，并结合类似工程施工经验，充分论证工期目标的可行性。

（五）工程造价控制策划

在一定范围内，工程质量的优良与设计标准的提高成正比，而设计标准的提高往往又造成工程造价升高，所以设计工作应坚持既要满足技术先进，又要满足经济合理和节约投资的原则。

工程造价控制策划涉及的面广，较难控制。首先根据批准的施工规划报告，编制控制概算一、二级子目，做到全面、不漏项。对水、电、砂石料、混凝土等的单价计价方式进行明确，以便明确基础单价；强化合同管理，严格执行合同款结算程序，控制工程变更，做好施工索赔和反索赔工作；精确工程计量，从原始地形、地貌复核、严格界定土石分界线、地质原因引起的超挖认定标准和灌浆计量手段等，从而达到严格控制工程造价的目的。

完工结算工作造价控制是合理确定工程造价的最后一环。应依据现行法律、法规、规章、规范性文件及相应的标准、规范、技术文件要求，按照合同文件的相关约定，对完工结算进行严格的审核，严格控制工程造价。

（六）工程达标创优策划与控制策划

（1）项目建设单位设立达标投产办公室，组织开展达标投产的自检工作，达标投产办公室制定详细的达标投产过程实施办法和考核评分细则，设立考核基金和奖惩办法，经批准后严格按照实施细则，组织进行达标投产过程管理。

（2）项目建设单位是工程创优的组织领导者，以项目建设单位为主成立工程创优领导小组，负责整个工程创优的策划、组织工作，指导、监督、协调各参建单位的工程创优工作，各参建单位成立创优工作小组。

（3）工程施工工艺和观感质量创优标准。土建工程施工质量及工艺应列明项目工程主要的土建工程施工质量及工艺创优标准，如进场交通洞、通风兼安全洞、主变压器运输洞、尾闸运输洞、开关站、地下厂房等外露面混凝土达到清水混凝土质量观感；上、下水库堆石坝混凝土防渗面板内实外光，无结构性贯穿裂缝；下水库拦沙坝大坝上、下游块石护坡表面平整、接缝密实等。机电及金属结构工程安装质量与工艺应列明项目工程主要的机电及金属结构工程施工质量及工艺创优标准，如启闭运行正常、启升机构两吊点的启升高差优于规范规定、安全保护装置或安全阀可靠、就地控制或集控系统可靠；电力变压器本体及附件干净、整洁无渗油，油枕油位正常等；机组启动试验、特性试验、设备性能和工程技术指标应简述机组启动试验、特性试验的规程要求，列明主辅设备消缺率、完好率指标等。

（七）工程技术管理策划

首先建立健全项目工程技术管理体系，明确参建各方和相关部门的管理职责，阐述项目建设单位技术管理的工作内容和要求。

重大设计技术方案和重大施工技术方案策划管理要列明“工程重大设计/施工技术方案”目录，明确重大设计技术方案编制依据、内容及论证审查流程。

工程变更管理对工程变更的概念和所遵循的基本原则进行说明，包括设计变更、变更设计和其他变更。明确设计变更包括重大设计变更、一般设计变更的审批流程和管理职责权限。

策划时积极推广“四新”，即新技术、新材料、新设备、新工艺的应用。

（八）科技管理策划

项目建设单位应根据工程特点及主要难点，紧紧围绕设计创优和工程创优，重点围绕先进适用技术的推广应用和产业化，以及基建期中技术难题的攻关和先进管理手段的开发进行选题，突出科技创新，开展科技项目的调研和可行性研究工作，组织科技项目选题。

项目验收工作可视具体情况，采取现场考察、书面评议、网络评审、专家会议验收、委托中介机构评估等多种方式进行。

（九）信息管理策划

建立健全信息管理组织体系，并明确管理职责和分工。结合项目建设单位不同时期、不同办公场所的实际情况进行信息化需求分析，分别针对项目建设单位筹建期、基建期不同办公场所阐述临时或永久信息系统建设及应用规划。

（十）物资管理策划

工程建设时期物资采购供应管理建立以业主为主导，设计技术支持，监理监控，承包商和供应商保证的工程物资管理体系。管理体系由项目建设单位负责建立、完善、管理和改进，按要求成立物流管理体系，阐述物流中心机构设置，人员组成，物流中心工作任务，根据项目实际，绘制项目物流中心管理组织机构设置图。

策划时阐明材料计划，包括总计划、年度、季度、月度计划编制要求；说明材料运抵工地现场的方式、交货地点、运输线路、到货验收等具体要求和注意事项；施工期仓储管理方式、管理职责和分工；工程主材可追溯管理的方法和流程。

物资管理策划除了上述介绍的内容外，还应考虑物资供应结算方式，业主对承包商、供应商管理、物资台账管理等内容。

（十一）档案管理策划

档案管理应建立健全包括项目建设单位、监理、设计、施工承包商在内的档案管理网络，明确各自管理职责，并提出管理方针和原则。明确归档范围，如设计基础材料：工程地质、水文地质、勘察设计、勘察报告、地质图、勘察记录，化验、试验报告，重要土、岩样及说明；地形、地貌、控制点、建筑物、构筑物及重要设备安装测量定位、观测记录；水文、气象、地震等其他设计分析的相关报告。

档案管理策划应明确归档资料编制、收集、整理，归档等各环节的工作内容和流程，并规定档案管理职责分工。档案管理策划还应考虑包括场地建设、管理设备、管理人员等的配置策划，同时建立健全电子、声像资料、实物档案的归档。工程档案应在符合申请工程档案验收的条件下，依照《重大建设工程档案验收内容及要求》及《抽水蓄能电站工程达标投产考核办法》进行自检。自检合格后，由建设管理单位向工程档案验收组织单位报送档案验收申请报告，并填报《重大建设工程档案验收申请表》。

（十二）合同管理策划

合同管理策划工作主要包含：组织机构、职责与分工，合同签订前准备工作，合同签订管理，合同履行管理，预付款、进度款及结算款支付管理，合同变更管理，工程索赔管理，合同终止管理，合同管理工作总结等。

合同承办部门组织质量责任终止验收，工程通过质量责任终止验收后由合同承办部门出具《质量责任终止证书》，如不通过则由合同承办部门重新组织返工并再次进行质量责任终止验收。策划时，应提出质量保证金支付流程。每年年底，项目建设单位合同归口管理部门应对合同管理工作进行总结，撰写公司合同管理年度工作总结，提出今后工作改进建议。

（十三）征地移民管理策划

征地移民管理策划对项目工程建设征地和移民安置概况进行描述，并重点分析征地移民的特点和难点；说明移民搬迁和用地计划管理措施、拨付征收土地补偿费和安置补助费、征用土地的补偿费、青苗和林木处理补偿费等管理工作程序和内容；明确移民搬迁及安置管理流程和职责权限；明确征地和移民安置资金支付管理流程和职责权限。

（十四）工程风险管理策划

工程风险管理策划时应成立风险管理组织机构，并进行职责分工。简述风险、工程风险的概念及实施工程风险管理的作用和意义，表述抽水蓄能电站工程建设中潜在的主要风险和风险类别。工程风险管理应对行业风险、市场风险、财务风险、运营风险、投资风险等进行风险识别、测量，并提出预控解决方案；同时，每年年底应对本年度风险管理工作进行总结评价，从中发现不足，及时改进，不断提高工程风险管控能力。

（十五）设计单位管理策划

设计单位管理策划总体思路是根据国家或行业设计规范和合同文件，履行设计管理工作。

招标设计管理应在可行性研究设计和足够深度的地质勘察工作基础之上进行，应要求设计单位招标设计接近或达到施工图设计水平，以尽量减少施工阶段设计变更，同时在招标设计阶段应进行优化设计。策划时，应明确设计单位必须进行招标设计内部逐级会签，同时规定招标设计审查管理程序。

施工图设计管理策划时，应明确设计单位必须进行施工图设计内部逐级会签，同时规定施工图设计审查管理程序。

优化设计管理应对优化设计方案的编制和基本要求作出规定；说明优化设计方案的论证、审查、执行、总结和推广等管理流程及职责权限；地下厂房典型化设计管理应阐述地下厂房典型化设计的具体内容，列明实施设计时间，对设计成果规定评审、发布及总结等管理流程和职责权限；设计单位应对预埋管、小管道进行细部设计，其中小管道应进行二次工艺设计；电缆沟及盖板做定型设计；电缆桥架、水管、风管等做三维设计。策划时，应阐述实施细部设计、三维设计的具体部位和要求。

设计文件与图纸接收、审查管理明确设计文件与图纸接受、审查的管理流程和职责权限；明确设计技术交底的管理流程和职责权限。

设计单位在工程主要设计或主要卷册设计人中选派责任心强，能独立处理专业技术问题的人员承担设计代表工作，设代处负责人由具备协调不同专业之间相互配合、衔接能力的富有经验的设计人员担任。项目建设单位及监理审核确认现场设计代表资质；明确现场设计代表开展工作的职责和义务，以及依据合同所具有的设计权限；建立健全设计代表请假和人员变动制度。

（十六）监理单位管理策划

监理单位管理策划的总体思路是根据国家《建设工程监理规范》和《水利水电工程建设项目施工监理规范》（DL/T 5111—2012），开展项目工程监理管理的监督工作。工程监理管理基本原则是依据已经签订的合同文件，履行工程监理管理工作。

监理单位管理首先从组织机构、设备配置审批进行管理，明确监理单位组织机构、设备配置审批流程和职责权限，审批内容应着重于其人员、设备配置是否满足合同和工程实际需要。其次，从规划、工程监理实施细则审批进行管理，明确监理规划、监理细则审批流程和职责权限，对其内容应重点审查是否符合监理规范要求，是否切合实际具有可操作性等。再次，从监理人员资格审查、考试准入制度进行管理，明确监理人员资格审查流程和职责权限，重点审查资格证书是否有效，实施实行监理人员考试准入制度，专业考试或安全生产培训考试不合格者，不得参与监理工作。同时应明确规定监理工程师持证上岗比例。最后，通过监理监督、考核管理，监理意见处置管理，监理单位评价管理等方面入手管理。

（十七）施工承包商管理策划

施工承包商管理策划的总体思路是根据国家或行业有关法律法规、规程规范和所签订的施工合同，履行施工管理工作。施工管理工作主要包含：施工资源进场管理，施工组织设计编制、审核、审批管理，施工方案、技术措施、作业指导书编制、审核、审批管理，工程分包管理，设备监造管理，施工承包商评价管理等。

二、总策划编审管理

（1）项目建设单位计划工程部应在筹建期工程开工前3个月，组织本单位相关部门，完成工程建设总体策划编制。

（2）分管领导组织相关部门审查总体策划，报总经理审批后报送国网新源公司基建部。

（3）国网新源公司基建部将项目建设单位报送的工程建设总体策划分发国网新源公司各相关部门，相关部门组织各部门进行审查。

（4）国网新源公司基建部组织各相关部门、项目建设单位参加总体策划审查会，其中：办公室负责档案管理策划部分的审查和执行监督；科技信息部负责科技管理策划、信息管理策划部分的审查和执行监督；物资部负责物资管理策划部分的审查和执行监督；经法部负责合同管理策划部分的审查和执行监督；基建部负责其他部分的审查和执行监督。会后形成审查意见，印发项目单位。

（5）项目建设单位根据审查意见对总策划进行修订、复核，经项目建设单位分管领导审查、总经理审批后，报国网新源公司备案；各相关部门按审定的《工程建设总体策划方案》开展工作。

（6）国网新源公司基建部向国家电网公司基建部备案工程建设总体策划。

三、分级策划内容与要求

项目建设单位应以总体策划为基础，在每年年初编制年度质量管理策划和年度安全文明施工管理策划方案。项目工程的施工、监理、设计等参建单位应结合所承担的工程建设任务，按照项目工程建设管理总体策划方案要求，细化本单位或本标段的相关工作，进行二次项目管理策划。

施工承包商应编制本标段的安全管理和文明施工管理、质量控制、工期控制、工程达标创优与控制、工程技术与科技管理、工程信息与档案管理 6 项实施细则，并在开工前报送监理单位审批，项目建设单位备案。施工承包商应根据项目建设单位年度质量管理策划和年度安全文明施工管理策划，编制本标段的年度质量计划和年度安全文明施工实施细则。

监理单位应编制项目监理的安全文明施工管理、质量管理、工期管控、工程达标创优策划与控制、工程技术与科技管理、工程信息与档案管理、合同管理、征地移民管理 8 项监理实施细则，并在工程建设前期报送项目建设单位审批。

设计单位应编制项目设计的进度控制、工程达标创优策划与控制 2 项设计管理实施细则，并在工程建设前期报送项目建设单位审批。

思考与练习

1. 项目建设单位针对重大安全隐患或可能造成人员伤亡安全事故的重大危险源建立的各类应急现场处置方案包括哪些？

2. 如何进行工程建设年度安全策划方案管理？

3. 工程建设项目年度质量管理策划方案应如何编制？简述审核和批准流程。

4. 电力行业优质工程申报条件有哪些？

第二章 工程建设征地移民管理

模块1 征地移民工作基本要求（Ⅰ级）

模块描述 本模块主要介绍工程建设征地移民安置工作的基本内容，以抽水蓄能电站建设征地移民安置基础工作为主线展开，使得员工具备对工程建设征地移民工作最基本的认识，建立起系统的全面的业务开展实践能力。

正 文

一、征地移民相关法律、法规及政策

（一）法律

（1）《中华人民共和国土地管理法》（2004年中华人民共和国主席令第28号）。

（2）《中华人民共和国水法》（2016年7月修订）。

（3）《中华人民共和国森林法》（2009年修订）。

（4）《中华人民共和国农村土地承包法》（2009年修订）。

（5）《中华人民共和国矿产资源法》（2009年修订）。

（6）《中华人民共和国文物保护法》（2015年修订）。

（7）《中华人民共和国防洪法》（2016年修订）。

（8）《中华人民共和国环境保护法》（2014年修订）。

（9）《中华人民共和国城乡规划法》（2015年修订）。

（二）法规

（1）《中华人民共和国土地管理法实施条例》（2014年国务院令第653号修改）。

（2）《中华人民共和国基本农田保护条例》（2010年国务院令第588号修改）。

（3）《中华人民共和国耕地占用税暂行条例》（2007年国务院令第511号）。

（4）《土地复垦条例》（2011年国务院令第592号）。

（5）《大中型水利水电工程建设征地补偿和移民安置条例》（2017年国务院令第679号修改）。

（三）规章及规范性文件

（1）《建设项目用地预审管理办法》（2016年修正）（国土资源部令第68号）。

（2）《建设用地审查报批管理办法》（国土资源部令第 69 号）。

（3）《报国务院批准的建设用地审查办法》（1999 年国土资源部）。

（4）《土地复垦条例实施办法》（国土资源部令第 56 号）。

（5）《国土资源部单独选址建设项目用地审查办事指南》。

（6）《建设项目使用林地审核审批管理办法》（2015 年 3 月 30 日国家林业局令第 35 号，2016 年国家林业局令第 42 号修改）。

（7）《水电工程建设征地移民工作暂行管理办法》（国家计委计基础〔2002〕2623 号）。

（8）《征用土地公告办法》（国土资源部 2001 年第 10 号令）。

（9）《国土资源听证规定》（国土资源部 2004 年第 22 号令）。

（10）《耕地占用税契税减免管理办法》（国税发〔2004〕99 号）。

（11）《国务院关于加强土地调控有关问题的通知》（国发〔2006〕31 号）。

（12）《国务院关于深化改革严格土地管理的决定》（国发〔2004〕28 号）。

（13）《国务院关于完善大中型水库移民后期扶持政策的意见》（国发〔2006〕17 号）。

（14）《国务院办公厅转发劳动保障部关于做好被征地农民就业培训和社会保障工作指导意见的通知》（国办发〔2006〕29 号）。

（15）《国务院办公厅关于加强和规范新开工项目管理的通知》（国办发〔2007〕64 号）。

（16）《国务院办公厅关于严格执行有关农村集体建设用地法律和政策的通知》（国办发〔2007〕71 号）。

（17）《大中型水利工程移民安置监督评估管理暂行规定》（水利部水移〔2010〕492 号）。

（18）《关于水电站基本建设工程验收管理有关事项的通知》（国家发展改革委〔2003〕1311 号）。

（19）《国土资源部关于做好报国务院批准建设用地审查报批有关工作的通知》（国土资厅发〔2006〕118 号）。

（20）关于印发《关于完善征地补偿安置制度的指导意见》的通知（国土资发〔2004〕238 号）。

（21）《关于组织土地复垦方案编报和审查有关问题的通知》（国土资发〔2007〕81 号）。

（22）《关于加强生产建设项目土地复垦管理工作的通知》（国土资发〔2006〕225 号）。

（23）《关于水利水电工程建设用地有关问题的通知》（国土资发〔2001〕355 号）。

（24）《关于进一步规范建设用地审查报批工作有关问题的通知》（国土资发〔2002〕233 号）。

（25）关于印发《关于制订征地统一年产值标准和征地区片综合地价工作有关问题的意见》的通知（国土资发〔2006〕3 号）。

（26）《国土资源部关于当前进一步从严土地管理的紧急通知》（国土资电发〔2006〕17 号）。

（27）《关于报部审查的部分行政许可事项电子申报有关事宜的通知》（国土资发〔2007〕280 号）。

（28）《关于切实做好被征地农民社会保障工作有关问题的通知》（劳社部发〔2007〕14 号）。

（29）《关于改进报国务院批准单独选址建设项目用地审查报批工作的通知》（国土资

发〔2009〕8号）。

（30）《大中型水利水电工程移民安置验收管理暂行办法》（水利部水移〔2012〕77号）。

（31）关于印发《水利水电工程移民档案管理办法》的通知（国家档案局档发〔2012〕4号）。

（32）国家林业局关于印发《使用林地可行性报告编写规范》的通知（林资发〔2002〕237号）。

（33）国家林业局关于印发《占用征用林地审核审批管理规范》的通知（林资发〔2003〕139号）。

（34）国家林业局关于依法加强征占用林地审核审批管理的通知（林资发〔2005〕76号）。

（35）国家土地管理局关于印发《建设项目用地勘测定界技术规程（试行）》的通知。

（36）其他各省、市及地方有关法规、政策。

（四）相关规程、规范

（1）《土地勘测定界规程》（TD/T 1008—2007）。

（2）《土地复垦方案编制规程》（TD/T 1031.1—2011）。

（3）《水电工程建设征地移民安置规划设计规范》（DL/T 5064—2007）。

（4）《水电工程建设征地实物指标调查规范》（DL/T 5377—2007）。

（5）《水电工程农村移民安置规划设计规范》（DL/T 5378—2007）。

（6）《水电工程移民专业项目规划设计规范》（DL/T 5379—2007）。

（7）《水电工程移民安置城镇迁建规划设计规范》（DL/T 5380—2007）。

（8）《水电工程建设征地处理范围界定规范》（DL/T 5376—2007）。

（9）《水电工程建设征地移民安置补偿费用概（估）算编制规范》（DL/T 5382—2007）。

（10）《水电工程建设征地移民安置规划大纲编制规程》（NB/T 35069—2015）。

（11）《水电工程建设征地移民安置验收规程》（NB/T 35013—2013）。

（12）《水电工程建设征地移民安置综合监理规范》（NB/T 35038—2014）。

（13）《水利水电工程移民安置监督评估规程》（SL 716—2015）。

（14）其他相关的规程、规范。

（五）公司有关规定

（1）《国网新源控股有限公司工程建设征地及移民安置管理手册》（国网新源（基建）G083—2017）。

（2）《国网新源控股有限公司工程建设开工管理手册》（国网新源（基建）G088—2015）。

（3）《国网新源控股有限公司移民监理管理手册》（国网新源（基建）G092—2015）。

（4）《国网新源控股有限公司工程专项验收和竣工验收管理手册》（国网新源（基建）G148—2017）。

（5）《国网新源控股有限公司工程建设总体策划管理手册》（国网新源（基建）G082—2017）。

（6）《国网新源控股有限公司工程达标投产与创优管理手册》（国网新源（基建）G090—2017）。

（7）《国网新源控股有限公司工程建设环境保护管理手册》（国网新源（基建）G126—2015）。

（8）《国网新源控股有限公司工程建设水土保持管理手册》（国网新源（基建）G127—2015）。

（9）《国网新源控股有限公司工程建设概算管理手册》（国网新源（基建）G140—2015）。

（10）《国网新源控股有限公司工程建设尾工管理手册》（国网源（基建）G152—2016）。

二、建设征地范围的确定

建设征地范围根据《抽水蓄能电站工程施工总布置规划报告》和《抽水蓄能电站工程正常蓄水位选择专题报告》来确定，水电工程建设征地处理范围包括水库淹没影响区（由水库淹没区和水库影响区组成）和枢纽工程建设区，两区重叠部分，通常按用地时序要求及工程占地实际情况计入枢纽工程建设区。

水库淹没区包括水库正常蓄水位以下的区域和水库正常蓄水位以上受水库洪水回水、风、冰塞壅水等临时产生的临时淹没区，下水库初期蓄水及补水时拦沙坝前水位高于正常蓄水位造成的临时淹没区。水库影响区是水库蓄水后引起的包括浸没、坍岸、滑坡、内涝、水库渗漏等地质灾害区，以及其他受水库蓄水影响的区域。

按照满足工程枢纽施工及生活用地的要求，根据工程建设区建筑物的类别和用途，划分永久占地范围和临时用地范围。永久占地一般包括永久建（构）筑物的建设区；临时用地一般包括料场、渣场、作业场、临时道路、施工营地、其他临时设施用地及施工爆破影响区。

三、禁建令的办理

根据《大中型水利水电工程建设征地补偿和移民安置条例》（2017 年国务院令第 679 号），由省级人民政府发布《大中型水利水电工程建设征地范围内禁止新增建设项目和迁入人口的通告》（以下简称“禁建令”）。项目建设单位在完成抽水蓄能电站工程预可行性研究阶段工程技术方案审查及水库正常蓄水位、工程占地区范围确定后开展禁建令办理工作。

因各省级人民政府办理要求略有差异，在禁建令办理过程中，应按项目所在地省级人民政府具体要求为准，所需组卷资料包括但不限于以下材料，清单所列目录仅供参照。禁建令办理组卷资料清单：

（1）抽水蓄能电站选点规划的批复。

（2）投资主管部门同意抽水蓄能电站开展前期工作的通知。

（3）抽水蓄能电站工程场地地震安全性评价报告的批复。

（4）《抽水蓄能电站预可行性研究报告审查意见》的报告。

（5）《抽水蓄能电站可行性研究阶段正常蓄水位选择专题报告审查意见》的函。

（6）《抽水蓄能电站可行性研究阶段施工总布置规划专题报告审查意见》的函。

（7）抽水蓄能电站停建范围说明。

（8）抽水蓄能电站建设征地范围示意图。

（9）抽水蓄能电站实施打桩定界、实物调查、编制移民安置规划大纲和移民安置规划等工作计划。

（10）其他材料。

禁建令办理的一般程序，首先由经批准负责工程前期工作的项目建设单位申请发布禁建令；项目建设单位向工程占地和淹没区所涉及的县级人民政府提出书面申请，经逐级审核后上报省人民政府；省人民政府接到发布禁建令的申请后，由省发展改革委、省级移民管理机构研究提出意见，并由省级移民管理机构代拟禁建令报省级人民政府审定后发布。

禁建令调查期限为自禁建令发布之日起至项目核准（批准）开工建设之日止。原则上封库调查期限：中型工程为一年，大型工程为两年，个别建设规模和淹没范围较大、建设周期较长的大型水利水电工程经批准可适当延长封库调查期限，但最多不超过三年。

禁建令取得后，项目建设单位应当组织设计单位在当地人民政府的协助和监督下开展勘测设计工作；按照水利水电工程勘测设计规程规范及时完成打桩定界；按照水利水电工程勘测设计规程规范及有关规定完成实物指标调查登记、公示。

四、实物指标调查

实物指标调查是为查明建设征地范围内涉及各种实物对象类别、数量、权属、质量和其他有关属性。工程建设征地实物指标调查是移民规划设计的基础，分预可行性研究报告阶段和可行性研究报告阶段阶段。预可行性研究报告阶段由项目法人委托设计单位负责进行实物指标调查，地方人民政府及有关部门参与配合；可行性研究报告阶段由项目法人会同建设征地涉及区的地方人民政府组织实物指标调查工作，具体工作由项目法人委托的设计单位负责，在有关各方的参与下共同进行。

设计单位编制《抽水蓄能电站工程可行性研究阶段建设征地实物指标调查细则》（简称《实物指标调查细则》），该细则需经省级移民管理机构确认，通常省级移民管理机构委托地方人民政府进行确认；《实物指标调查细则》确认后，地方人民政府组织项目建设单位、设计单位召开实物指标调查启动座谈会及调查培训会。由地方人民政府组织、项目建设单位、设计单位按照规范要求，完成实物指标调查及一、二榜公示，并就公示期间收集到的意见进行复核，最终取得地方人民政府对实物指标调查成果确认的批复，调查期间省级移民管理机构、市有关主管部门会安排现场监督，并对实物指标调查工作现场出现的重大问题，组织协调各方共同研究解决。

项目建设单位在内部审查设计单位编制的《实物指标调查细则》时，应重点关注编制单位调查组织形式的可行性，是否明确各方职责，是否制定合理的调查方法，是否深入了解对于项目所在地因生产、生活方式不同，存在规范要求未包括，但地方政策要求有涉及的仍需调查项目的处理方式。

实物调查是对建设征地范围内的一次性调查，项目建设单位人员在实物指标调查参与过程中，不仅应当严格按照国家及省市政策和技术规范执行，而且应当尊重建设征地区群众生活习惯，注意遵守乡俗民约，且在专门成立的实物指标调查工作组织内要做到“统一思想、统一认识、统一口径、统一行为”四统一，不随意表态、不随意许诺，更不能误导移民，还应当注意自身言行举止，维护企业形象，避免与移民产生矛盾，引发冲突，影响实物指标调查期间各项工作的开展。

根据建设征地区基本情况，实物调查一般分为农村部分、专业项目和社会经济三部分，调查前按照有关要求成立协调领导小组，实物指标调查实施各专业调查组，各部分实物指标调查均需要项目建设单位有关人员亲自在项目现场全过程参与调查工作；在调查工作开始前，由地方人民政府组织对涉及移民户的财产所有权者或使用者的有效证件进行全面、准确、真实的收集、整理、汇总，移民户应在规定期限内填写调查表并提交户籍证明、宅基地证、土地承包证、林地林权证、工商营业证、税务登记证及其他有效证件；收集齐备有关证件后，开始现场实物调查工作。农村部分调查包括人口、房屋及附属建筑物、土地、零星树木、农村水利及农副加工业设施等调查；专业项目部分包括独立于城市集镇之外的企业、乡级以上的事业单位（含国有农、林、牧、渔场），交通（铁路、公路、航运）、水利水电、电力、电信、广播电视及其他项目等调查，调查时需取得各专业主管部门提供的专业项目基本资料和受影响情况等材料，经调查人员现场核实后予以登记；社会经济调查需收集材料由设计单位提供目录及相应材料表格，经调查人员组织后予以收集、整理、登记。

实物指标调查注意事项：在建开展土地类别确定过程中，要充分结合国土部门提供的建设征地区第二次土地调查成果（或地方政府国土资源主管部门最新的土地调查成果），并严格执行土地利用现状分类规范要求，进行合理划分，对土地类别确定存在争议的，由专业工作组进行统计、汇总并上报协调领导小组，协调领导小组在处理过程中应适当考虑现状，尊重客观事实，予以妥善处理。在实物指标一、二榜公示过程中，对公示无异议的移民户，第一榜即为终结榜，第二榜不再公示。对公示内容有异议或发现有缺、漏项的，权属人按要求提出复核、补登相关书面申请，经协调领导小组审核后，专业调查组根据审核意见对申请复核的移民户或企事业单位的全部实物进行现场重新计量调查登记，进行二榜公示，无异议的移民户，第二榜即为终结榜；仍有异议的，权属人应再次提出复核申请，由专业调查组对其全部实物再次复核，权属人、专业调查组全体成员对复核结果当场签字认可无异议，此榜为终结定案榜，最终完成《抽水蓄能电站工程可行性研究阶段建设征地实物指标调查报告》。

五、移民安置规划大纲及报告编制

可行性研究报告阶段由项目法人委托有资质的设计单位编制完成《抽水蓄能电站工程移民安置规划大纲》（简称《移民安置规划大纲》），需经水电水利规划设计总院会同省级移民管理机构审查，对大纲予以确认，并报省级人民政府，取得省级人民政府批复。

《移民安置规划大纲》的编制应按照国家水电工程移民安置相关法规要求，在实物指标调查成果的基础上，根据移民区、安置区经济社会情况和资源环境承载力编制，明确反映移民安置的任务、去向、标准和农村移民生产安置方式，以及移民生产生活水平评价和搬迁后生产生活水平预测、移民意愿和安置区居民意见听取、水库移民后期扶持政策执行、淹没线以上受影响范围的划定原则、建设征地移民安置规划报告编制要求等结论。

按照《水电工程建设征地移民安置规划大纲编制规程》（NB/T 35069—2015）的要求，作为项目建设单位，对于水电工程建设征地涉及移民人数为 500 人以下或涉及耕园地为

500 亩（1 亩≈666.7m^2）以下的项目，可不编制移民安置总体规划专题报告，不编制移民安置总体规划专题报告时，其相关内容应在《移民安置规划大纲》中一并反映。

可行性研究报告阶段由项目法人委托有资质的设计单位编制完成《抽水蓄能电站工程移民安置规划报告》（简称《移民安置规划报告》），并经省级移民管理机构审查，取得省级移民管理机构批复。《移民安置规划报告》应按照国家水电工程移民安置的有关法规要求，依据批准的《移民安置规划大纲》，在完成农村移民安置、城市集镇处理、专业项目处理、水库库底清理、补偿补助项目分析和标准测算等相关规划设计工作的基础上编制，详述建设征地处理范围及实物指标、移民安置总体规划、农村移民安置、城市集镇处理、专业项目处理、征用土地复垦及耕地占补平衡、后期扶持措施、库底清理、环境保护与水土保持、移民生产生活水平预测、建设征地移民安置补偿费用概算、实施组织设计、意见听取等成果。

《移民安置规划报告》报审前应征求本级人民政府有关部门及移民区和安置区县级人民政府的意见，规划审核通过后应严格执行，不得随意调整或修改，确需调整或修改的应当重新履行报批手续。

移民安置规划报告编制注意事项：

（1）项目建设单位在内部审查设计单位编制的《移民安置规划报告》时，重点关注是否严格按照经审批通过后《移民安置规划大纲》制定了全面、合理的安置与补偿规划措施，审查概算所计列补偿费用是否密切依据实物指标调查基础数据并充分考虑了地方经济发展水平，确保规划报告内涉及补偿项目内容无漏项，各项税规费等已按照地方规章政策充分考虑，尽量避免后期调整。

（2）在《移民安置规划报告》编制的同时，需委托有资质的设计单位编制完成《抽水蓄能电站移民安置点地质灾害危险性评估报告》《抽水蓄能电站移民安置点地质勘察报告》，并报地方人民政府有关部门备案。按照国家最新政策要求，《抽水蓄能电站移民安置点地质灾害危险性评估报告》经专家评审会通过后无需主管部门批复，需按地方国土资源主管部门要求完成报备登记，取得相关确认文件。

思考与练习

1. 建设征地范围确定的依据有哪些？
2. 禁建令办理所需组卷材料有哪些？
3. 实物指标调查实施过程包括哪些内容？

模块 2　征地实施阶段（Ⅱ级）

模块描述　本模块主要介绍征地实施阶段各项具体工作，如依法开展土地征收、征用、合法合规办理各项手续等；在征地实施阶段每一项批复文件的取得，都需要达到其必备的各项前置条件，并结合需填报的过程资料按要求进行组卷，组卷完成后，再依照地方主管部门要求上报或逐级上报后取得批复文件；要求学员掌握并灵活应用。

正　文

一、建设项目用地预审

建设项目用地预审在可行性研究报告编制过程中，用地规划确定后即组织申报，项目核准申报前取得批复。由土地行政主管部门对建设用地的有关事项进行审查，并提出意见，预审审查的内容主要包括该建设项目用地是否符合土地利用总体规划、土地利用年度计划及建设用地标准。

根据《建设项目用地预审管理办法》（2016 年修正）的规定，建设项目用地实行分级预审，建设项目需人民政府或有批准权的人民政府发展和改革委等部门审批的，由该人民政府的国土资源主管部门预审；需核准和备案的建设项目，由与核准、备案机关同级的国土资源主管部门预审。项目建设单位在抽水蓄能电站工程可行性研究工作开展阶段组织完成建设用地预审报批工作；密切沟通地方国土资源主管部门，建设用地预审需符合土地利用总体规划，符合国家供地政策。

因各省级人民政府或有关主管部门办理要求略有差异，在建设项目用地预审办理过程中，应按项目所在地省级人民政府或有关主管部门具体要求为准，所需组卷资料包括但不限于以下材料，清单所列目录仅供参照。建设项目用地预审组卷材料清单：

（1）建设项目用地预审申请表（县、市土地主管部门审查确认）。

（2）建设项目用地预审申请报告，内容包括拟建项目的基本情况、拟选址占地情况、拟用地是否符合土地利用总体规划，拟用地面积是否符合土地使用标准，拟用地是否符合供地政策等。

（3）审批项目建议书的建设项目提供项目建议书批复文件，直接审批可行性研究报告或者需核准的建设项目提供建设项目列入相关规划或者产业政策的文件（可行性研究批复、地灾报告备案登记表、压覆矿复函）。

（4）县级以上土地利用总体规划图及相关图件。

项目建设单位在完成材料组卷，报县级国土资源管理部门审查，审查通过后转报市级国土资源管理部门审查确认，确认后报省级国土资源管理部门；省级国土资源管理部门应当自受理预审申请或者收到转报材料之日起 20 日内，完成审查工作，并出具预审意见。20 日内不能出具预审意见的，经负责预审的国土资源主管部门负责人批准，可以延长 10 日。

建设项目用地预审文件有效期为 3 年，自批准之日起计算。已经预审的项目，如需对土地用途、建设项目选址等进行重大调整，应当重新申请预审。土地预审通过后，项目建设单位应当对单独选址建设项目是否位于地质灾害易发区、是否压覆重要矿产资源进行查询核实；位于地质灾害易发区或者压覆重要矿产资源的，应当依据相关法律法规的规定，在办理用地预审手续后，完成地质灾害危险性评估、压覆矿产资源登记等工作。

二、征地实施阶段有关报告编制

土地勘测定界是指具备勘测定界资格的单位，经项目建设单位委托通过查阅地籍图、土地利用现状图等有关图件，并经实地调绘后，开展界桩埋设和测定，完成编绘勘测定界图、内业计算编制，完成土地勘测定界技术报告书的过程。

项目建设单位应当在项目核准前半年，根据国网新源公司招投标管理规定，委托具有相关资质的单位启动并基本完成以下报告编制工作：

（1）委托具有资质的设计单位编制《抽水蓄能电站使用林地可行性研究报告（永久/临时）》（简称《使用林地可行性研究报告》），通过省级林业主管部门审查，并编制《抽水蓄能电站林木采伐作业设计（永久/临时）》；《使用林地可行性研究报告》为使用林地手续报批前置条件。

（2）委托具有资质的单位编制《抽水蓄能电站建设项目勘测定界技术报告》（简称《勘测定界技术报告》）；《勘测定界技术报告》为建设用地报批、临时用地报批的前置条件。

（3）通过招投标确定建设征地移民安置综合监理，并编制《抽水蓄能电站建设征地移民安置综合监理实施细则》（简称《建设征地移民安置综合监理实施细则》），取得省级移民管理机构批复；《建设征地移民安置综合监理实施细则》为建设征地移民安置工作开展的前提条件。

（4）委托原勘察设计单位编制《抽水蓄能电站土地复垦报告》（简称《土地复垦报告》），取得省级国土资源管理部门批复。《土地复垦报告》为建设用地、临时用地报批的前置条件。

征地实施阶段注意事项：

（1）实施阶段征地红线范围的确定。设计单位的设计方案因建立在对项目现场深度踏勘基础之上，施工布置满足项目建设需要，尽量减少后期的频繁调整，特别是在用地方面，尤其考虑周全永久用地范围，永久、临时用地范围基本确定，具备征地红线后应立即与地方人民政府有关部门沟通，征地红线内涉及基本农田、一/二类公益林、风景区、自然保护区、移民安置区等规划用地的应尽早协调地方政府及有关主管部门按照相关法律法规管理规定进行调整处理，若涉及法律法规或地方政策要求无法进行调整的，项目建设单位应组织设计单位通过现场勘察，进行合理的避让调整，在项目前期各相关方配合力度大，符合条件的调整工作推进顺利，若项目已开工建设再对设施进行调整，其难度陡增。因此项目建设单位不仅要熟知国家相关法律法规要求，更要熟悉地方相关政策要求及规划布置情况，充分了解项目外围环境状况，才能为后期工作创造有利条件。

（2）与征地红线直接相关的报告的编制。《使用林地可行性研究报告》《勘测定界技术报告》《土地复垦报告》《移民安置规划报告》的编制均要依据征地红线确定的实施范围，且各报告内均涉及划分土地类别内容，土地类别及面积数量直接影响后期相关费用的缴付，因此应协调各编制单位，在相关规定及规范的合理范围内共享成果，进行适当的统一。《使用林地可行性研究报告》内林地类型、面积关系后期森林植被恢复费的缴付，此部分费用在使用林地手续报批前需完成缴费，且依据此报告测算结果，林地、林木补偿费用的支付，其实际补偿在土地征收阶段实施，据实测数据为准；《勘测定界技术报告》关系耕地开垦费的缴付，此部分费用在建设用地报批前需完成缴费，且依据此报告耕地数量为准，各地缴付标准不同；关系被征地农民社会保障费的缴付，此部分费用在建设用地报批前完成缴费，且依据此报告占用土地面积为准，各地政策及缴费标准与重大项目优惠等各不相同；关系耕地占用税的缴付，此部分费用在建设用地批复后、用地前完成缴费，依据批复占地数量为准，各地缴费标准不同；《土地复垦报告》关系后期地类恢复所需工程费用，《移民安置规划报告》关系征地补偿费用概算，直接影响后期实施阶段补偿费用的支付；因此，征地红线范围确定要统筹考虑各方因素，并满足工程建设需要，为后期工作开展创造良好条件。

三、移民安置协议签订

项目核准后，项目建设单位组织完成《抽水蓄能电站建设征地移民安置协议》的拟定工作。上报国网新源公司基建部审批，取得批复文件后与地方人民政府完成《抽水蓄能电站建设征地移民安置协议》的签订工作，并按协议要求成立组织机构，组织机构由项目建设单位、地方人民政府、移民综合设计、移民综合监理等组成，地方人民政府成立建设征地移民安置办公室，包括发改局及国土、林业等部门，配合完成各项报批工作，负责征地移民工作的具体实施。《抽水蓄能电站建设征地移民安置协议》应当明确征地及移民安置原则、移民安置方针和基本要求、实行“政府领导、分级负责、县为基础、项目法人参与”的管理体制、相关各方职责、移民安置工作主要任务及工作内容、质量及进度时间节点要求等。

四、其他手续办理

（一）开展先行用地组卷报批工作（部分省市不适用）

《建设用地审查报批管理办法》（国土资源部令第 69 号）第六条规定，国家重点建设项目中的控制工期的单体工程和因工期紧或者受季节影响急需动工建设的其他工程，可以由省、自治区、直辖市国土资源主管部门向国土资源部申请先行用地。

项目建设单位在项目核准文件已取得，建设项目用地预审已批复，且查清所需土地的权属、地类、面积，兑现被用地群众的地上附着物和青苗补偿费，妥善处理好先行用地有关问题后组织开展先行用地组卷报批工作。

根据抽水蓄能电站工程建设的特点，如进场道路、上/下水库连接路、进厂交通洞、通风兼安全洞、业主营地管理房、施工供水、施工供电等属于控制工期的单体工程，项目单位在申请报批用地时，项目正处在工程筹建期，项目单位可根据申请报批用地和工程筹建期建设项目施工进度需求的实际情况决定是否需要申请先行用地。

因各省级人民政府或有关主管部门办理要求略有差异，在先行用地手续办理过程中，应按项目所在地省级人民政府或有关主管部门具体要求为准，所需组卷资料包括但不限于以下材料，清单所列目录仅供参照。先行用地报批手续办理组卷材料清单：

（1）省、自治区、直辖市国土资源主管部门先行用地申请。

（2）建设项目用地预审意见。

（3）建设项目批准、核准或者备案文件。

（4）建设项目初步设计批准文件、审核文件或者有关部门确认工程建设的文件。

（5）先行用地明细表。

（6）使用林地情况说明。

（7）先行用地位置示意图。

（8）拨付征地补偿费用凭证。

（9）国土资源管理部门规定的其他材料。

先行用地报批前，项目建设单位应确定先行用地范围（单体工程位置、名称、用地规模和耕地面积），向县级国土资源主管部门提出先行用地申请（含单体工程名称、位置、用地规模和耕地面积），提交申请先行用地的工程位置示意图（附电子版），提供拨付征地补偿费用的凭证（水利水电工程应按照 679 号令执行），提交动工前将征地补偿费发放到被征地村组和群众的承诺；市、县国土部门调查被征地村组和群众对征地补偿标准和安置途径等安置方案的意见，市、县国土部门拟定对申请先行用地的征地补偿标准和安置途径有关情况说明，省国土部门向国土资源部提出先行用地的请示文件（含单体工程名称、位置、用地规模和耕地面积，省级项目单体工程是否占用基本农田等情况）。

控制性工程先行用地复函一般有效期为 6 个月。在先行用地批复后，应在 6 个月内完成建设用地申请材料组卷，报国土资源部审查，并依法取得许可批复。

（二）开展使用林地组卷报批工作

《中华人民共和国森林法实施条例》（2016 年国务院第 666 号令修订）第十六条规定，勘查、开采矿藏和修建道路、水利、电力、通信等工程，需要占用或者征收、征用林地的，必须向县级以上人民政府林业主管部门提出申请，经审核同意后，按照国家规定的标准预交森林植被恢复费，领取使用林地审核同意书。《建设项目使用林地审核审批管理办法》（国家林业局令第 42 号）第五条规定，建设项目占用林地，经林业主管部门审核同意后，建设单位和个人应当依照法律法规的规定办理建设用地审批手续。

项目建设单位在项目核准文件已取得，林地可行性研究报告（永久/临时）已通过审查，环境影响评价报告已取得批复后组织开展使用林地组卷报批工作。

因各省级人民政府或有关主管部门办理要求略有差异，在使用林地手续办理过程中，应按项目所在地省级人民政府或有关主管部门具体要求为准，所需组卷资料包括但不限于以下材料，清单所列目录仅供参照。使用林地报批手续办理组卷材料清单：

（1）林地使用书面申请（永久/临时）。

（2）项目核准批复文件。

（3）项目环境影响报告批复文件。

（4）林地权属证明［林权证或县政府出具的权属清楚的证明（永久/临时）］。

（5）集体会议决议［被征收占用林地所在村集体出具（永久/临时）］。

（6）与被征占用林地集体签订的林地、林木补偿和安置补助协议（永久/临时），由县级以上地方人民政府统一制定补偿、补助方案的，要有该人民政府制定的方案。

（7）使用林地可行性研究报告（永久/临时）。

（8）临时占用林地植被恢复措施（临时占用林地报批材料）。

（9）占用林地周边绿化措施（永久/临时）。

（10）有害生物防控责任承诺书（部分地区）。

（11）项目建设单位法人证明。

（12）逐级缴纳森林植被恢复费（永久/临时）。

项目建设单位将材料组卷完成后，报县级林业主管部门，县级林业主管部门核对材料复印件与原件是否一致，确认一致则加盖林业局印章退回原件；县级林业主管部门应当组织制定在当年或次年内恢复不少于被占用征用林地面积的森林植被措施；县级林业主管部门将使用林地相关情况予以公示（永久/临时）；县级林业主管部门受省林业主管部门委托组织符合要求的林业人员进行现场查验，现场查验后出具现场查验表（永久/临时）；县级林业主管部门提出审查意见，并附具上述材料一并上报上一级林业主管部门；省级林业主管部门就临时占用林地予以审核批复；省级林业主管部门将市林业局上报的申请材料连同现场查验表（永久）以正式文件一并上报国家林业局。

国家林业局使用林地审核同意书有效期为 2 年，自发布之日起计算；省级林业主管部门临时使用林地批复有效期为 2 年，从发文之日起算。项目建设单位在有效期内未取得建设用地批准文件的，应当在有效期届满前 3 个月向国家林业局申请延期。取得永久使用林地审核同意书和临时使用林地批复后，应按工程建设需求办理林木采伐手续。

（三）开展临时用地组卷报批工作

《中华人民共和国土地管理法》第五十七条规定，建设项目施工和地质勘查需临时使用国有土地或者农民集体所有土地的，由县级以上人民政府土地行政主管部门批准。

项目建设单位在项目核准文件已取得，土地复垦方案已通过省级国土资源管理部门审查并取得批复，临时使用林地批复已取得，项目土地勘测定界技术报告（临时）已编制完成后组织开展临时用地报批组卷工作。因各省级人民政府或地方国土资源主管部门办理要求略有差异，在临时用地手续办理过程中，应按项目所在地省级人民政府或有关主管部门具体要求为准，所需组卷资料包括但不限于以下材料，清单所列目录仅供参照。临时用地手续办理组卷材料清单：

（1）项目建设单位提出临时用地申请（部分地区为填报制式审批表）。

（2）项目核准批复。

（3）确定临时用地范围，并按要求提交勘测定界图。

（4）1:10 000 土地利用现状图（用红线标注临时用地的位置和范围）。

（5）土地利用总体规划图。

（6）签订临时用地协议书。

（7）临时使用林地批复。

（8）缴纳土地复垦预存金。

（9）项目建设单位法人证明。

项目建设单位完成材料组卷并按要求提交至县级国土资源管理部门，由县级国土资源管理部门完成审核并批复。临时用地使用期限为 2 年，从发文之日起算；该临时用地使用期满后，若需继续使用，需在使用期限届满前一个月内向县级国土资源管理部门提出延期申请；若停止使用，应按照土地复垦报告开展临时用地复垦工作。

（四）开展建设用地组卷报批工作

依据《中华人民共和国土地管理法实施条例》（国务院令第653号）第二十一条，具体建设项目需要使用土地的，项目建设单位应当根据建设项目的总体设计一次申请，办理建设用地审批手续。《国土资源部关于改进报国务院批准单独选址建设项目用地审查报批工作的通知》（国土资〔2009〕8号）、《国土资源部关于进一步改进建设用地审查报批工作提高审批效率有关问题的通知》（国土资发〔2012〕77号）等文件对建设用地报批提出要求。

项目建设单位在建设用地预审已通过，项目核准文件已取得，项目使用林地审核同意书已取得，项目土地复垦方案已通过审查，项目土地勘测定界技术报告（永久）已编制完成后组织开展建设用地组卷报批工作。因各省级人民政府或地方国土资源主管部门办理要求略有差异，在建设用地手续办理过程中，应按项目所在地省级人民政府或有关主管部门具体要求为准，所需组卷资料包括但不限于以下材料，清单所列目录仅供参照。建设用地手续办理组卷材料清单：

（1）项目建设单位向县级国土资源管理部门提出单独选址用地请示。

（2）项目建设单位填报建设项目用地申请情况。

（3）提交土地勘测定界技术报告（含界址点坐标成果表及勘测定界图）。

（4）建设项目用地预审批复文件。

（5）建设项目初步设计批复文件。

（6）建设项目核准批复文件。

（7）省级国土资源管理部门关于同意压覆矿产资源的文件。

（8）省级国土资源管理部门出具的位于地质灾害易发区评估认定备案表。

（9）建设项目工程总平面布置图。

（10）涉及林业、文物、环境保护、地震、水土保持等部门的批准文件。

（11）涉及收回国有土地使用权的，附地方人民政府收回国有土地使用权的决定。

（12）省级国土资源管理部门对土地复垦方案的批复意见。

（13）地方人民政府对征地拆迁补偿标准、安置途径及履行征地程序情况的说明。

（14）耕地开垦费由省国土资源管理部门在审批农用地转用手续时收取，项目建设单位应将缴费证明的复印件交省国土资源厅留存。

（15）耕地占用税（农用地转用审批后，收到纳税通知书30日内）。

（16）补充耕地情况说明及地块边界拐点坐标（需标明坐标系，数据库表，市局配合）。

（17）省厅对补充耕地项目验收文件及对应的报部备案信息（市局配合）。

项目建设单位向县级国土资源主管部门上报申请请示，县级国土资源管理部门受理用地申请，并审查用地条件；组织调查并核实土地权属、地类和面积，形成土地权属证明及权属汇总表；组织编写“一书四方案”（建设用地呈报书、农用地转用方案、补充耕地方案、征收土地方案、供地方案）；按规定履行征地报批前告知、确认和听证程序，取得听证或放弃听证相关材料；进行《征收土地方案告知书》调查时，通知县劳动保障部门，县劳动保障部门应按照有关要求，调查社会保障内容，拟定、报批保障意见，与国土部门共同填写被征地农民社会保障措施落实情况说明表并填写审核意见，随征地材料逐级上报至省劳动保障厅审核签署意见后交省国土资源厅留存；完成材料组卷后10个工作日内报县人民政府审核。

县人民政府审查县国土部门提交的材料，并拟定关于项目用地符合土地利用总体规划、征地补偿、安置途径、征地前后人均耕地情况、项目是否动工占地、新增建设用地土地有偿使用费需缴纳和准备情况、征地补偿费用是否预存入征地补偿准备金专户等的说明（该材料由县国土部门留存）。在县人民政府审核同意后将材料上报市国土部门。

市国土部门准备材料建设项目用地土地分类面积汇总表（数据库表），并连同以上材料上报；审查用地是否符合土地利用总体规划，是否确权登记、地类和面积是否准确，征地报批前是否履行告知、确认、听证等程序，征地补偿费用是否预存入征地补偿准备金专户，补充耕地是否报备，项目是否动工占地，对存在未批先用等违法用地行为的，审查是否已进行依法查处，是否追究有关责任人的责任等；形成《建设项目用地的审查报告》；经审查，材料齐全、符合报批要求的，在10个工作日内提出有关审查意见报市政府审核。

市人民政府审查市国土资源局提交的用地材料，并提出审查意见；在市政府审核同意后将建设用地报批材料同审查报告报省国土资源管理部门，并对审查内容和意见的真实性、合法合规性负责。

省国土部门工作审查以上材料，并形成审查报告，报省人民政府审核省国土资源管理部门上报的材料；在省人民政府审核同意后将以上材料报国土资源部，并自行留存；国土资源部受理用地申请，并审查材料后按要求将需上报的材料报国务院审批。

建设项目用地核准批复有效期一般为2年；建设项目用地批复后，需尽快督促完成土地征收、征用工作，待具备条件后，按有关要求开展土地证办理工作。

（五）开展林木采伐许可证办理工作

依据《中华人民共和国森林法》第三十二条，采伐林木必须申请采伐许可证，按许可证的规定进行采伐；农村居民采伐自留地和房前屋后个人所有的零星林木除外。

项目建设单位在建设项目永久使用林地批复已取得，建设项目临时使用林地批复已取得后开展材料组卷报批办证工作。项目建设单位报县级林业主管部门采伐申请；组织调查并核实土地权属。项目建设单位申请至县级林业主管部门后，县级林业主管部门审查，依照有关规定审核代发林木采伐许可证。

林木采伐许可证有效期限自发证之日起半年内有效；取得林木采伐许可证后，立即组织开展林木采伐工作。

（六）开展土地权利证书办理工作

《中华人民共和国土地管理法实施条例》（国务院令第653号）第三条规定，国家依法实行土地登记发证制度。依法登记的土地所有权和土地使用权受法律保护，任何单位和个人不得侵犯。第五条规定，单位和个人依法使用的国有土地，由土地使用者向土地所在地的县级以上人民政府土地行政主管部门提出土地登记申请，由县级以上人民政府登记造册，核发国有土地使用权证书，确认使用权。项目建设单位应按照《中华人民共和国土地管理法实施条例》的规定，向土地所在地的县级人民政府土地行政主管部门办理土地登记，即办理土地使用权证书。

项目建设单位在建设项目用地核准已批复，建设项目竣工验收完成后组织开展土地权利证书组卷报批办理工作，因各省级人民政府或地方国土资源主管部门办理要求略有差异，在土地权利证书办理过程中，应按项目所在地省级人民政府或有关主管部门具体要求为准，所需组卷资料包括但不限于以下材料，清单所列目录仅供参照。土地权利证书办理组卷材料清单：

（1）项目建设单位报县级国土资源管理部门土地登记申请书。

（2）项目建设单位法人证明。

（3）土地权属来源证明（建设用地批准书或国有土地划拨决定书）。

（4）地籍调查表、宗地图及宗地界址坐标（可以委托有资质的专业技术单位进行地籍调查获得）。

（5）地上附着物权属证明。

（6）法律法规规定的完税或者减免税凭证。

（7）建设项目竣工验收报告。

（8）委托代理人申请土地登记的，除提交上述材料外，还应当提交授权委托书和代理人身份证明。

项目建设单位上报县级国土资源管理部门土地登记申请，县级国土资源管理部门根据对土地登记申请的审核结果，以宗地为单位填写土地登记簿；根据土地登记簿的相关内容，以权利人为单位填写土地归户卡；以宗地为单位填写土地权利证书，报经同级人民政府批准后，核发土地使用权证书；对共有一宗土地的，应当为两个以上土地权利人分别填写土地权利证书。

土地权利证书有效期限为长期。取得土地权利证书后，项目建设单位可按需求开展永久界桩埋设工作。

五、土地征收与征用

在建设项目取得各级主管部门的相关批复文件、项目建设单位已与地方人民政府签订《抽水蓄能电站建设征地移民安置协议》后，由地方人民政府按协议要求成立建设征地移民安置办公室，征地移民办公室依据《抽水蓄能电站建设征地移民安置规划报告》，按照国家法律法规规定的程序要求，开展工程项目枢纽建设区及淹没区范围内的土地征收与征用工作。土地征收、征用的基本工作流程：

1. 公开征地批准事项

经依法批准征收的土地，县（市）国土资源部门应按照《征用土地公告办法》的规定，在被征地所在的村、组公告征地批准事项。

2. 支付征地补偿安置费用

征地补偿安置方案经市、县人民政府批准后，应按法律规定的时限，依据签订的《抽水蓄能电站建设征地移民安置协议》一次性向被征地农村集体经济组织拨付征地补偿安置费用。当地国土资源部门应配合农业、民政等有关部门对被征地集体经济组织内部征地补偿安置费用的分配和使用情况进行监督。

3. 开展土地征收、征用分解实施

项目建设单位根据工程建设需要编制征地计划，编制时间一般在与政府签订建设征地移民安置协议之前，并经过与签订移民安置协议的政府的洽商，列入建设征地移民安置协议中，依据《抽水蓄能电站建设征地移民安置协议》的约定，由地方人民政府成立建设征地移民安置办公室，负责按照《抽水蓄能电站建设征地移民安置规划报告》落实完成征地区土地分解、补偿协议签订、坟冢与文物等迁移、协调开展林木采伐、完成电力、通信专项设施改复建等各项工作，并按要求及时完成移交土地工作，确保满足工程建设使用。

思考与练习

1. 建设用地预审办理流程是什么？
2. 使用林地办理所需组卷材料有哪些？
3. 建设用地办理所需组卷材料有哪些？
4. 征地实施阶段各报告编制需注意哪些事项？

模块3　建设征地移民安置实施阶段（Ⅱ级）

模块描述　本模块主要介绍建设征地移民安置实施阶段各项具体工作，如搬迁协议签订、过渡搬迁、安置点建设、专项验收等。建设征地移民安置实施阶段各项工作的顺利开展，不仅关系到项目开工建设后各项工程实施进度及实施阶段的合理管控，保证移民安置生产、生活质量，确保建设征地与移民安置工作的顺利验收，还直接关系到电站工程达标投产创优一系列工作，因此要求学员掌握并灵活应用。

正　文

一、搬迁协议签订

项目建设单位应当在签订建设征地移民安置协议后，编制建设用地和移民搬迁工作计划（建议稿）并提交项目所在地地方人民政府，经双方协商修订后，由地方人民政府予以发布实施。在搬迁计划（建议稿）编制过程中，项目建设单位应根据工程建设计划需要，按照需要使用的地块和施工可能影响的区域，预留一定的搬迁时间，还应注意国家及地方对于移民搬迁的相关规定与政策要求，宜按照“先移民后建设”的原则编制搬迁计划，并提前考虑移民安置点的规划与建设实施。

建设征地移民安置办公室工作人员在与移民洽商完成后，对搬迁的实物指标按照发布补偿、补助标准等进行丈量和公示，公示无异议后，与移民签订搬迁协议。如公示有异议，应对有异议的指标重新丈量，并重新公示，直至无异议为止。搬迁协议中应明确搬迁的时间、搬迁的补偿实物指标和费用及搬迁后的去向和安置方式等，工作人员应协调解决并妥善处理建设征地和移民安置过程中的社会稳定及安全管理工作。

二、安置点建设

根据《国家发展改革委关于做好水电工程先移民后建设有关工作的通知》（发改能源〔2012〕293 号）精神，坚持“统一规划、有序实施、政策衔接、确保稳定”的原则，统筹制定移民安置规划方案及工程建设方案，科学确定移民安置周期和工程建设周期，优先实施移民安置，做到移民安置进度适度超前于工程建设进度，严格移民安置实施管理，做好移民政策有效衔接，确保移民安置质量，保障移民长久生计和长远发展，安置点建设由地方人民政府按照建设征地移民安置协议约定组织实施，并确保工期与建设质量。作为项目建设单位应当加强协调与监督，积极推进工程建设，确保移民户按计划搬迁入住。

三、移民安置监督评估

关于印发《大中型水利工程移民安置监督评估管理暂行规定》的通知（水移〔2010〕492 号）中第三条规定，大中型水利工程移民安置依法实行全过程移民安置监督评估。受委托的移民安置监督评估单位，应当对移民安置进度、移民安置质量、移民资金的拨付和使用情况及移民生产生活水平的恢复情况等进行监督评估。移民安置监督评估分为监督评估工作大纲和实施细则的编制、开展移民安置实施情况监督评估和移民生产生活水平恢复情况监督评估、编写移民安置监督评估报告等。

移民安置实施情况监督评估是对移民安置和专业项目实施进度及质量、移民资金的拨付和使用情况等进行监督评估，主要包括农村移民安置、城（集）镇迁建、工矿企业迁建、专业设施迁（复）建、库底清理、移民资金的拨付和使用等内容。

移民安置进度监督评估主要包括：协助委托方审核有关地方人民政府和单位提交的移民安置年度计划；对移民安置年度计划执行情况进行跟踪检查与监督，并提出监督评估意见；对移民安置实施过程中出现的规划设计变更提出监督评估；参与移民安置进度计划协调会议。

移民安置质量监督评估主要包括：督促有关地方人民政府和单位严格按批准的移民安置规划组织实施，对移民安置质量进行检查监督；参与移民安置项目质量问题处理；参与移民安置专业项目的验收工作；对移民安置质量提出监督评估意见。

移民资金的拨付和使用情况监督评估主要包括：跟踪检查移民资金拨付和使用情况，监督有关地方人民政府和单位按照批复的概算和年度投资计划合理使用资金；协助委托方对移民安置预备费的使用提出意见；协助委托方审核有关地方人民政府和单位报送的移民安置年度计划资金拨付和使用情况统计报表；对移民资金拨付和使用效果提出监督评估意见。

移民生产生活水平恢复情况监督评估主要包括：建立移民安置前的生产生活水平本

底资料；跟踪监测移民安置规划确定的移民生产生活水平恢复措施的实施情况及效果；跟踪监测移民安置后的生产生活水平恢复情况；对移民生产生活中出现的问题提出改进建议并报委托方。对移民安置进度、质量、资金拨付和使用中出现的严重问题，移民安置监督评估单位应当及时提出整改建议并报告委托方。

移民安置监督评估工作应该根据移民安置工作内容和特点，制定监督评估工作方案，并在移民安置监督评估工作过程中根据实际情况的变化进行调整和完善。作为项目建设单位在收到监督评估报告后，要对报告中反映的问题，提出整改意见并下发有关单位，并督促有关单位整改落实。

四、建设征地移民安置验收管理

建设征地移民安置验收分为建设征地移民安置阶段性验收和建设征地移民安置竣工验收。阶段性验收一般包括工程截流建设征地移民安置验收和工程蓄水建设征地移民安置验收。

（一）工程截流建设征地移民安置验收

根据《水电工程建设征地移民安置验收规程》（NB/T 35013—2013）规定，开展工程截流建设征地移民安置验收要具备以下条件：

（1）经过审查批准的与截流阶段对应的建设建设征地移民安置规划设计文件确定的建设征地移民安置任务已完成。

（2）工程截流建设征地移民安置规划设计文件中明确的其他建设征地移民安置任务已完成。

（3）所需要的建设征地移民安置补偿费用已按计划拨付到位。

（4）移民安置实施工作档案建设和管理符合要求。

（5）已按规定和本阶段移民搬迁计划执行后期扶持政策。

（6）清理范围内的林木、建（构）筑物拆除、卫生防疫等工作已完成。

（7）已按规定提供了建设征地移民安置实施工作报告、项目法人建设征地移民安置工作报、建设征地移民安置综合监理工作报告、建设征地移民安置独立评估报告、建设征地移民安置设计工作报告等。其中，建设征地移民安置实施工作报告、项目法人建设征地移民安置工作报、建设征地移民安置综合监理工作报告均有明确的可进行工程截流建设征地移民安置验收的结论。

工程截流建设征地移民安置验收工作步骤和内容：

（1）与项目法人签订征地移民安置协议的地方人民政府应于工程截流建设征地移民安置验收的 2 个月前逐级向省级人民政府提出工程截流建设征地移民安置验收请示。

（2）省级人民政府收到请示后明确验收主任委员单位开展工程截流建设征地移民安置验收工作。

（3）验收主任委员单位根据项目实际情况，组织成立验收委员会，确定副主任委员和成员单位，编制验收工作大纲（方案），根据规定召开验收工作启动会议，研究部署验收工作，筹备验收专家组。

（4）主任委员单位组织建设征地移民实施单位、项目法人、主体设计单位、综合监理单位、独立评估单位等开展验收准备工作，安排有关方面准备相应的工作报告。

（5）验收委员会应组织现场检查工作。已成立专家组的，专家组成员应参加现场检查工作，阅研相关验收资料和文件，提出专家组意见。专家组提出需进一步整改的，有关方面应按专家组意见进行整改完善，并得到专家组认可。

（6）主任委员单位主持召开验收工作会议。验收委员听取建设征地移民安置实施单位、项目法人、综合监理单位、独立评估单位、主体设计单位、专家组的工作情况汇报，并进行评议，形成和通过水电工程截流建设征地移民安置验收报告，各参会的验收委员会成员现场履行签字手续。

（7）主任委员单位向省级人民政府上报工程截流建设征地移民安置验收报告。

（二）工程蓄水建设征地移民安置验收

工程蓄水前，项目建设单位根据工程进展情况，与签订建设征地和移民安置协议的地方人民政府联系，在工程蓄水建设征地移民安置验收的前 2 个月逐级向省级人民政府提出验收申请开展蓄水阶段验收，同时应具备以下验收条件：

根据《水电工程建设征地移民安置验收规程》（NB/T 35013—2013）规定，开展工程蓄水建设征地移民安置验收要具备以下条件：

（1）经过审查批准的与蓄水阶段对应的建设建设征地移民安置规划设计文件确定的建设征地移民安置任务已完成。

（2）工程蓄水建设征地移民安置规划设计文件中明确的其他建设征地移民安置任务已完成。

（3）所需要的建设征地移民安置补偿费用已按计划拨付到位。

（4）移民安置实施工作档案建设和管理符合要求。

（5）已按规定和本阶段移民搬迁计划执行后期扶持政策。

（6）清理范围内的林木、建（构）筑物拆除、卫生防疫等工作已完成。

（7）已按规定提供了建设征地移民安置实施工作报告、项目法人建设征地移民安置工作报、建设征地移民安置综合监理工作报告、建设征地移民安置独立评估报告、建设征地移民安置设计工作报告等。其中，建设征地移民安置实施工作报告、项目法人建设征地移民安置工作报、建设征地移民安置综合监理工作报告均有明确的可进行工程蓄水建设征地移民安置验收的结论。

工程蓄水建设征地移民安置验收工作步骤和内容：

（1）与项目法人签订征地移民安置协议的地方人民政府应于工程蓄水建设征地移民安置验收的 2 个月前逐级向省级人民政府提出工程蓄水建设征地移民安置验收请示。

（2）省级人民政府收到请示后明确验收主任委员单位开展工程蓄水建设征地移民安置验收工作。

（3）验收主任委员单位根据项目实际情况，组织成立验收委员会，确定副主任委员和成员单位，编制验收工作大纲（方案），根据规定召开验收工作启动会议，研究部署验收工作，筹备验收专家组。

（4）主任委员单位组织建设征地移民实施单位、项目法人、主体设计单位、综合监理单位、独立评估单位等开展验收准备工作，安排有关方面准备相应的工作报告。

（5）验收委员会应组织现场检查工作。已成立专家组的，专家组成员应参加现场检查工作，阅研相关验收资料和文件，提出专家组意见。专家组提出需进一步整改的，有关方面应按专家组意见进行整改完善，并得到专家组认可。

（6）主任委员单位主持召开验收工作会议。验收委员听取建设征地移民安置实施单位、项目法人、综合监理单位、独立评估单位、主体设计单位、专家组的工作情况汇报，并进行评议，形成和通过水电工程蓄水建设征地移民安置验收报告，各参会的验收委员会成员现场履行签字手续。

（7）主任委员单位向省级人民政府上报工程蓄水建设征地移民安置验收报告。

（三）库底清理验收

库底清理验收是在库底清理工作基本完成后和蓄水验收之前组织，库底清理验收通过是水库下闸蓄水的必要条件，其目的是保证蓄水时水库清理已完成，且不具备影响水库蓄水和安全稳定运行的因素；为顺利完成库底清理验收，项目建设单位或政府在实施库底清理工作时，应按照库底清理设计的要求，做好实施过程的记录（包括文字、照片、录像等），同时要保证清理后的水库满足设计要求。库底清理验收条件和流程：

（1）库底清理实施单位提出水库库底清理验收申请报告。

（2）移民责任主体的移民安置工作情况报告。

（3）设计单位提出的清理技术设计报告。

（4）设计单位提出的清理验收意见。

（5）移民综合监理单位提出的清理验收意见。

（6）地方政府（卫生、林业、文物等部门）提出的清库验收专题意见。

（7）省级移民管理机构提出库底清理意见。

（8）库底清理验收小组提出库底清理验收意见。

（四）建设征地移民安置竣工验收

根据《水电工程建设征地移民安置验收规程》（NB/T 35013—2013）规定，开展建设征地移民安置竣工验收要具备以下条件：

（1）建设征地移民安置竣工验收前，移民资金使用情况已通过省级人民政府及有关部门组织的移民资金专项审计。

（2）市、县人民政府组织完成了建设征地移民安置自验、初验，并验收结论意见为合格。

（3）县级人民政府应组织编制完成后期扶持规划，已按规定报批，并已按规定执行后期扶持政策。

（4）核准（审批）的建设征地移民安置规划中明确的建设征地移民安置任务全部完成。

（5）征用土地复垦任务已完成，按照有关规定通过验收。

（6）移民补偿补助费用，城市、集镇及居民点基础设施和公共设施补偿费用，专业项目处理补偿费用全部兑付到位等。

（7）经移民安置独立评估，移民安置目标已实现。

（8）移民安置实施档案建设和管理符合要求。

（9）已按规定提供了建设征地移民安置实施工作报告、项目法人建设征地移民安置工作报、建设征地移民安置综合监理工作报告、建设征地移民安置独立评估报告、建设征地移民安置设计工作报告等。其中，建设征地移民安置实施工作报告、项目法人建设征地移民安置工作报、建设征地移民安置综合监理工作报告均有明确的可进行工程蓄水建设征地移民安置验收的结论，移民安置独立评估工作报告有明确的移民安置目标已实现的结论。

建设征地移民安置验收工作步骤和内容：

（1）与项目法人签订征地移民安置协议的地方人民政府应于水电工程竣工验收时间的 3 个月前提出建设征地移民安置竣工验收请示。

（2）省级人民政府收到请示后明确验收主任委员单位开展建设征地移民安置验收工作。

（3）验收主任委员单位根据项目实际情况，组织成立验收委员会，确定副主任委员和成员单位，编制验收工作大纲（方案），根据规定召开验收工作启动会议，研究部署验收工作，筹备验收专家组。

（4）主任委员单位组织建设征地移民实施单位、项目法人、主体设计单位、综合监理单位、独立评估单位等开展验收准备工作，安排有关方面准备相应的工作报告。

（5）验收委员会应组织现场检查工作。已成立专家组的，专家组成员应参加现场检查工作，阅研相关验收资料和文件，提出专家组意见。专家组提出需进一步整改的，有关方面应按专家组意见进行整改完善，并得到专家组认可。

（6）主任委员单位主持召开验收工作会议。验收委员听取建设征地移民安置实施单位、项目法人、综合监理单位、独立评估单位、主体设计单位、专家组的工作情况汇报，并进行评议，形成和通过水电工程竣工建设征地移民安置验收报告，各参会的验收委员会成员现场履行签字手续。

（7）主任委员单位向省级人民政府上报建设征地移民安置竣工验收报告。

五、后期扶持

为实现移民“搬得出、稳得住、能致富、环境得到保护”的目标，根据《国务院关于完善大中型水库移民后期扶持政策的意见》（国发〔2006〕17 号）和《大中型水库库区基金征收使用管理暂行办法》（财综〔2007〕26 号）的有关规定及政策执行水库移民后期扶持方案。抽水蓄能电站建设征地后期扶持对象为农村移民在籍农业人口，转为非农业的农村移民不再纳入后期扶持范围。

移民后期扶持的主要项目包括移民生产生活补助、生产开发配套工程的修补和完善、生产开发集约化经营和持续发展项目等。移民初期土地要达到正常生产年份产量需要一段时间，且土地不能按规划全部开垦完毕，在此期间，移民的粮食和经济收入将减少，生活水平可能下降，为此，将扶持资金直补到户到人，以维持基本的生活水平。移民中后期，在进一步完善库区与安置区基础设施的基础上，重点扶持发展二、三产业与多种经济发展，实现移民生产生活达到或超过其原有水平的规划目标；对因病因残、鳏寡孤独丧失劳动能力及无父母亲人抚养的未成年移民，在当地政府纳入社会保障的基础上给予必要补助。

六、舆情管理

我国移民政策的最高目标是工程建设尽量减少占地和搬迁人口，一旦占地和移民不可避免，就妥善安置好，并且负责到底，兼顾国家、集体和个人三者利益关系，逐步使移民生活达到或者超过原有水平，移民安置实施阶段各项工作涉及区域环境和谐与社会稳定，且相关法律法规政策要求较多，因此在实施过程中要特别关注舆情管理。实施阶段舆情管理时地方人民政府应注意的问题：

（1）加强移民搬迁有关政策的宣传和动员，落实好移民搬迁相关的措施，如对移民安置点基础设施建设及专业复建项目的管理，对项目建设的安全、质量、进度及造价、补偿标准按要求公示公开等。

（2）加强对征地补偿、移民安置和后期扶持资金拨付、使用情况的监督和管理，对征地补偿和移民安置资金实行专户存储、专账核算。合理规范使用协议费用，不得挪作他用，要建立严格的管理制度和审批制度，确保移民征地经费专款专用，按进度计划使用资金。

（3）要加强监控，及时关注移民中是否存在不稳定的情绪，并深入了解发生的原因，及时控制，及时处理不利于工作开展的具体消息，避免不稳定情绪扩散，尤其要加强网络的监控。

实施阶段舆情管理时项目建设单位应注意的问题：

（1）项目建设单位须与地方人民政府及有关部门密切配合，移民专业人员必须熟悉掌握移民政策，掌握补偿标准，并做好补偿标准的保密工作，一切补偿标准均应通过合法合规统一途径予以发布。

（2）项目建设单位应当按照地方人民政府相关管理要求开展征地移民工作，并重视乡俗民约，如遇人员咨询移民标准等敏感问题，应予以重视，并妥善解决。

（3）在移民搬迁和实施过程中，通过移民监理和设代监督移民安置点建设、补偿发放等情况，及时做好资金支付，避免因补偿资金未落实等引起不稳定情绪。

（4）加强群体事件应急管理预案的编制，及时发现可能存在的不利于稳定的情绪，并及时与地方政府征地移民办公室协商处理。

思考与练习

1. 建设征地移民安置协议包括哪些内容？
2. 建设征地移民安置验收包括哪些环节？
3. 移民搬迁实施阶段舆情管理时项目建设单位应当注意哪些问题？

第三章　工程进度与计划管理

模块1　项目进度计划管理的基本知识（Ⅰ级）

模块描述　本模块主要介绍建设抽水蓄能工程项目进度控制的意义、内容及职责划分等，通过要点讲解，掌握项目进度与计划的基本知识，能够承担进度计划的数据收集、统计、汇总及上报等日常管理工作。

正　文

一、工程进度计划管理的意义

抽水蓄能电站工程建设管理内容主要有安全管理、质量管理、进度管理、投资管理、综合管理；其中安全管理、质量管理及进度管理尤为重要，三者之间的关系是相互影响和相互制约的，在一般情况下，加快进度、缩短工期需要增加投资，但在合理科学施工组织的前提下，投资可能不增加或少增加，工程进度的加快有可能影响工程的安全及质量，而对安全质量标准的严格控制极有可能影响工程进度。如有严谨、周密的安全质量保证措施，虽严格控制但不致返工，既保证了建设进度，又保证了工程安全质量标准及投资费用的有效控制。进度管理的主要意义有以下几点：

（1）保证工程项目按预定的时间交付使用，及时发挥投资效益。

（2）有效的进度控制，能给承包单位带来良好的经济效果。

（3）加强进度控制，能使预期目标顺利实现。

（4）通过进度控制，可带动人、财、物及质量和安全等方面的管理。

二、术语

1. 进度控制

进度控制是指对工程项目各建设阶段的工作内容、工作程序、衔接关系和持续时间等编制计划、实施、检查、协调及信息反馈等一系列活动的总称，包括项目进度计划（plan）、执行（do）、控制（control，监测和调整）PDC循环，见图3-1。

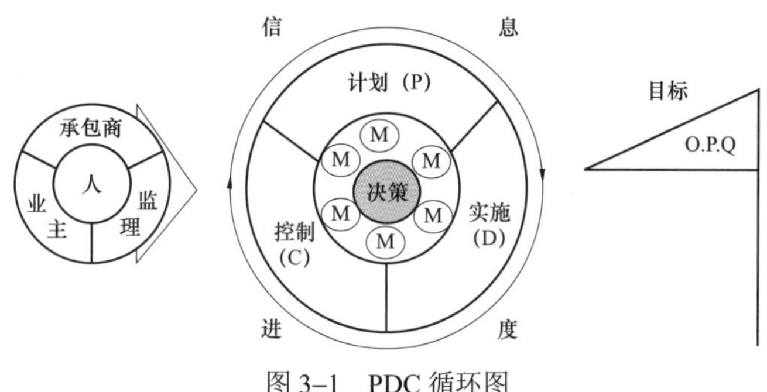

图 3-1　PDC 循环图

2. 工期

建设工期是指建设项目或单项工程从正式开工到全部建成投产或交付使用所经历的时间。建设工期是签订施工合同、组织施工、分阶段分年度安排与检查工程建设进度的依据。抽水蓄能电站工程建设阶段包括筹建期、准备期、主体工程施工期、工程完建期、竣工验收期。

合同工期是指从承包商接到开工通知令的日期算起，直到完成合同规定的工程项目、单位工程或分部工程，并通过竣工检验所用的时间。

关键工期是指在阶段性进度计划实施中，为了实现某些关键性进度目标所用的时间之和，在网络进度计划中，关键工期即为关键线路的长度。关键工期会直接影响合同工期的实现与否。

3. 进度

进度通常是指工程项目实施结果的进展情况，在工程项目实施过程中要消耗时间（工期）、劳动力、材料、成本等才能完成项目的任务。

进度计划是以拟建工程为对象，规定各项工程内容的施工顺序和开工、竣工时间的施工计划。将工程项目的建设进度做进一步的具体安排，包括施工进度计划、设计进度计划、物资设备供应进度计划。施工进度计划按实施阶段分解为逐年、逐季、逐月等不同阶段的进度计划，或按项目的结构分解为单位（单项）工程、分部（分项）工程的进度计划。

当前进度是指工程建设按进度计划执行到某一时间状态下的实际进度，也称状态进度。

形象进度是指采用图表的形式，表达某一时间状态下工程建设的实际进度。形象进度常用所完成的工作量、所消耗的资金、时间等指标来表示进度完成的情况。

总进度计划是以群体工程或枢纽工程的建设进度作为编制计划的对象，包括物资设备采购进度、设计工作进度、土建工程与安装工程施工进度及验收前各项准备工程进度等内容。

单项工程进度计划是以组成建设项目中某一独立工程项目的建设进度作为编制计划的对象，如厂房建设工程、宿舍楼工程等。

三、进度控制的基本原理

1. 动态控制原理

工程进度控制是一个不断变化的动态的过程。在项目开始阶段，实际进度按照计划进度规划进行运动，但由于外界因素的影响，实际进度的执行往往会与计划进度出现偏差，产生超前或滞后的现象。这时，通过分析偏差产生的原因，采取相应的改进措施，调整原来的计划，使两者在新的起点上重合，并通过组织管理作用的发挥，使实际进度继续按照计划进行施工。同样，在一段时间后，实际进度和计划进度会出现新的偏差。如此反复，工程进度控制出现一个动态的整过程。

2. 系统原理

工程项目进度控制是一个系统性很强的工作。进度控制中计划进度的编制受许多因素的影响，不能只考虑某一个因素或某几个因素。进度控制组织和进度实施组织也具有系统性。因此，工程进度控制具有系统性，应该综合考虑各种因素的影响。

3. 信息反馈原理

信息反馈是工程进度控制的重要环节，施工的实际进度通过信息反馈给基层进度控制工作人员，在分工的职责范围内，信息经过加工逐级反馈给上级主管部门，最后到达主控制室，主控制室整理统计各方面的信息，经过比较分析做出决策，调整进度计划。进度控制不断调整的过程实际上就是信息不断反馈的过程。

四、进度计划的分级

1. 一级进度计划

一级进度计划是项目主控进度计划。主要为项目提供用于宏观管理的汇总横道图，如招标、设计、设备采购、土建施工、机电（金结）安装、机组调试及试运行等总的进度。一级进度计划的主要内容包括重要里程碑、主要项目作业，提供项目当前进度横道图或网络图，显示进度状态，并且标识工程建设进度关键线路等。一级进度计划一般由基建项目单位组织编制与发布，用于工程建设进度总控制。

一级进度计划主要包括：基建项目单位组织编制的《工程建设里程碑进度计划》《工程建设总进度计划》（项目一级进度计划）及《工程建设年度里程碑进度计划》《工程建设年度总进度计划》（年度一级进度计划）。

2. 二级进度计划

监理单位根据项目建设单位发布的一级进度计划，结合工程实际情况，细化工程建设一级进度计划后形成工程建设二级进度计划。二级进度计划主要是明确项目进度的基准点，并以基准点为基础直观显示项目工作是比计划进度提前还是滞后。二级进度计划的主要内容包括各阶段、各专业等总结性的作业和高风险及关键作业（如开工、长周期设备抵达现场的日期、施工开始，项目竣工等），明确定义各阶段之间的关系，明确进度框架，以此编制更详细的进度计划并对资源进行分析。二级进度计划一般由工程建设监理单位编制与发布，并用于监理单位进度控制。

二级进度计划主要包括：监理单位编制的《工程建设监理总进度计划》（项目二级进度计划）、《工程建设年度监理总进度计划》（年度二级进度计划）。

3. 三级进度计划

三级进度计划是在监理单位发布的二级进度计划基础上细化而成的，也是工程设计、施工与机电设备制造、安装最常用的进度控制等级。三级进度计划一般由设计、施工承包商及设备制造承包商对照工程建设一级进度计划及二级进度计划的要求，以及合同概算子目及配置相应的资源后编制而成。它的编制应足够详细，以明确完成工作范围内施工作业所要求的逻辑步骤。三级进度计划的主要内容包括：

（1）全面详细的施工作业，能够充分反映全部合同规定的工作内容，可以很容易地确定工作开始/结束的日期。

（2）所有施工作业要按照工艺或者流水作业等逻辑关系连接。

（3）所有施工作业需要的施工资源。

（4）进度分析，确定关键路径。

（5）进行施工资源配置分析，从而进行资源平衡。

（6）将批准的三级进度计划作为基线计划，与当前计划进行比较，从而控制进度，并预测将来计划。

三级进度计划主要包括：设计单位编制的《工程建设设计总进度计划》、各施工标段施工单位编制的《工程建设标段施工总进度计划》（项目三级进度计划）；设计单位编制的《工程建设年度设计总进度计划和年度供图计划》、各施工标段施工单位编制的《工程建设年度标段施工总进度计划》（年度三级进度计划）。

五、进度计划的编审管理

1. 总进度计划的编审管理

（1）《工程建设里程碑进度计划》编审管理。筹建期工程开工后3个月内，基建项目单位工程部组织相关部门和单位，依据《抽水蓄能电站工程进度计划编制控制导则》（以下简称《导则》）和工程实际，完成《工程建设里程碑进度计划》编制和内审，报国网新源公司基建部审批。国网新源公司基建部审查后，批复基建项目单位执行。

（2）《工程建设总进度计划》编审管理。基建项目单位在完成《工程建设里程碑进度计划》内审后3个月内，组织相关部门和单位，依据《导则》要求和批复的《工程建设里程碑进度计划》，编制《工程建设总进度计划》；在《工程建设里程碑进度计划》批复后15天内完成《工程建设总进度计划》的修订，经内审后报国网新源公司基建部备案。

（3）《工程建设监理总进度计划》编审管理。《工程建设里程碑进度计划》批复后2个月内，监理单位依据《导则》要求，结合工程实际，编制《工程建设监理总进度计划》，报基建项目单位工程部审批后执行。

（4）《工程建设设计总进度计划》编审管理。《工程建设里程碑进度计划》批复后4个月内，设计单位依据《导则》要求，结合工程实际，编制《工程建设设计总进度计划》，报基建项目单位工程部审批后执行。

（5）《工程建设标段施工总进度计划》编审管理。施工单位进场后，监理单位下达开工令前，施工单位依据《导则》要求，编制《工程建设标段施工总进度计划》，报监理单位审批执行，并报基建项目单位备案。

2. 年度进度计划的编审管理

（1）年度进度计划的预安排。每年 8 月中旬，基建项目单位工程部根据国网新源公司基建部通知要求，组织相关部门和单位，编制下一年度工程建设里程碑进度计划、进度计划及工程建设类采购计划（以下合称为《年度计划预安排》），经基建项目单位内审，提交国网新源公司基建部审查。国网新源公司基建部审查后，向基建项目单位反馈审查意见。《年度计划预安排》为编制各项年度计划的依据。

（2）《工程建设年度里程碑进度计划》编审管理。基建项目单位在收到国网新源公司发展策划部下发的编制综合计划的通知要求后，组织相关部门和单位，以《年度计划预安排》为基础，修订、编制《工程建设年度里程碑进度计划》，经内审后统一上报本部发展策划部。国网新源公司基建部按发展策划部安排对各项计划进行审查。发展策划部，以公司文件形式将年度综合计划下发各基建单位（《工程建设年度里程碑进度计划》作为综合计划组成部分一同下发）。基建项目单位以单位文件形式，将计划下发各参建单位执行。

（3）《工程建设年度总进度计划》编审管理。基建项目单位根据批复的《工程建设年度里程碑进度计划》，按照《导则》要求，对本年度《工程建设年度总进度计划》执行情况进行检查分析，编制下一年度《工程建设年度总进度计划》。经内审后发布实施，同时报国网新源公司基建部备案。

（4）《工程建设年度监理总进度计划》编审管理。监理单位每年 11，根据批复的《工程建设年度里程碑进度计划》和《工程建设年度总进度计划》，按照《导则》要求，编制下一年度《年度监理总进度计划》（若《工程建设年度里程碑进度计划》和《工程建设年度总进度计划》尚未批复，可在批复后进行修订）。完成监理单位内审后，报基建项目单位审批后执行。

（5）《工程建设年度设计总进度计划和年度供图计划》编审管理。设计单位每年 11 月，根据批复的《工程建设年度里程碑进度计划》和《工程建设年度总进度计划》，按照《导则》要求，编制下一年度《年度设计总进度计划》。（若《工程建设年度里程碑进度计划》和《工程建设年度总进度计划》尚未批复，可在批复后进行修订）。经设计单位内审、监理单位审查后，报基建项目单位审批执行。

基建项目单位每年 11 月，组织相关部门和单位，制定《年度设计文件与施工图纸需求计划》，提交设计单位。设计单位每年 12 月 15 日前，依据《年度设计总进度计划》《年度设计文件与施工图纸需求计划》，编制《年度设计文件与施工图纸供应计划》（以下简称《供图计划》），完成设计单位内审、监理单位审查后报基建项目单位。基建项目单位组织相关部门和单位讨论、审核、商定《××××年度供图计划》，于年底前与设计单位签订《工程建设年度供图协议》。

（6）《工程建设年度标段施工总进度计划》编审管理。标段施工承包单位，按照《导则》要求，根据批复的《工程建设年度里程碑进度计划》和《工程建设年度总进度计划》，编制下一年度《工程建设年度标段施工总进度计划》（若《工程建设年度里程碑进度计划》和《工程建设年度总进度计划》尚未批复，可在批复后进行修订），于 12 月 15 日前，完成修订和内审，报监理单位审批后报基建项目单位。

基建项目单位工程部汇总、平衡各标段《工程建设年度标段施工总进度计划》，下发工程项目《年度施工进度计划表》。

思考与练习

1. 进度计划控制的概念是什么？其主要的意义包括哪些？
2. 进度控制的基本原理有哪些？
3. 进度计划主要分几级？各级进度计划的主要内容是什么？

模块 2　施工进度计划的编制（Ⅱ级）

模块描述　本模块通过要点讲解和案例分析，介绍抽水蓄能工程施工进度计划编制方法、思路、内容，使进度管理人员能够解读、编制和审核进度计划。

正　文

一、施工进度计划的作用

（1）控制施工进度，保证在规定工期内完成满足安全及质量要求的工程任务。

（2）确定各个施工过程的施工顺序、施工持续时间及相互衔接和合理配合的关系。

（3）确定劳动力和各种资源需要量计划及编制施工准备工作计划的依据。

二、施工进度计划的编制依据

（1）经过审批的建筑总平面图及单位工程全套施工图，以及地质、地形图、工艺设置图、设备及其基础图、采用的标准图等图纸和技术资料。

（2）施工组织总设计对本工程的有关规定。

（3）施工工期要求及开、竣工日期。

（4）施工条件、劳动力、材料、构件及机械的供应条件、分包单位的情况等。

（5）确定重要工程项目的施工方案，包括确定施工顺序、划分施工段和确定施工起点流向、施工方法、质量及安全措施等。

（6）劳动定额及机械台班定额。

（7）其他有关要求和资料，如工程合同等。

三、施工进度计划的表示方法

施工进度计划的表示方法常用的是横道图、网络图。

（1）横道图的形式，如图 3–2 所示。

（2）网络图的形式，如图 3–3 所示。

序号	项目名称	进度计划（总工期60天）					
		3月1日～3月10日	3月11日～3月20日	3月21日～3月30日	4月1日～4月10日	4月11日～4月20日	4月21日～4月30日
1	施工准备						
2	地基工程						
3	道路工程						
4	垃圾坝工程						
5	竣工验收						

图 3–2　施工进度计划横道图

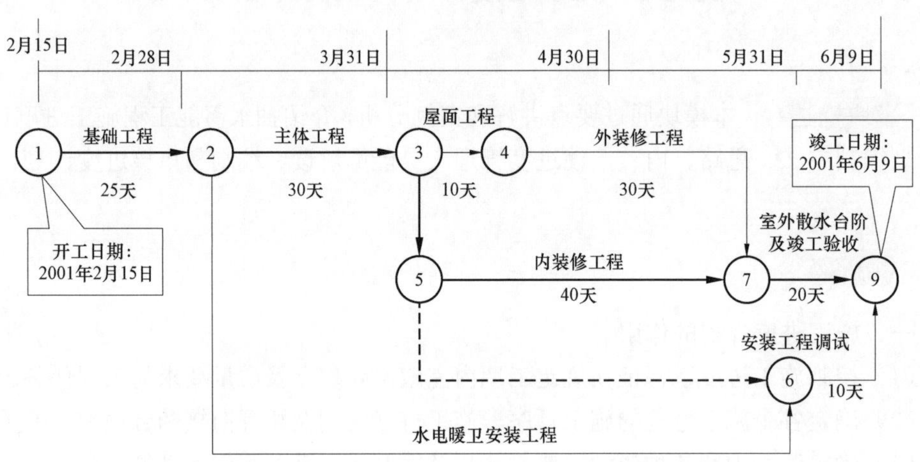

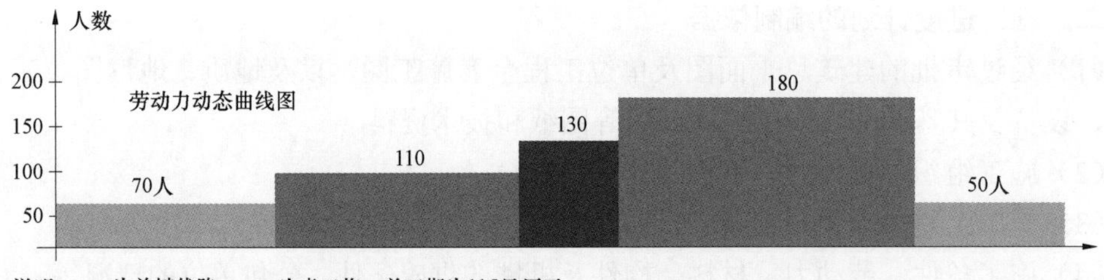

图 3–3　施工进度计划网络图

四、施工进度计划的编制方法

（一）抽水蓄能电站工程主要施工项目

抽水蓄能电站主体工程包括上水库、输水系统、地下厂房系统、地面开关站及下水库等建筑物；施工辅助工程包括导流工程、场内交通工程、渣场挡排工程等。

（二）抽水蓄能电站工程总进度安排的原则

（1）根据工程特性，参照国内已建类似工程的经验，采用近期类似工程的平均先进水平，对施工条件或地质条件复杂的工程，应充分考虑施工条件的多变性和施工期的安全风险，适当留有余地。

（2）从加快主体工程施工进度的前提出发，根据实际需要与可能，合理安排工程筹建期并列出筹建期应完成的项目，项目包括移民、征地、场内外主干道路、上/下水库连接公路、施工营地、施工供水、施工供电、通信等，以及制约地下厂房施工进度的通风兼安全洞及进厂交通洞等项目。

（3）力求缩短工程施工总工期，分析关键线路，对控制工程总工期的关键项目应重点研究，并采取有效的技术和安全措施。

（4）对非关键线路上的施工项目，其施工程序应前后兼顾、衔接合理、减少干扰，力求施工均衡。

（5）施工强度安排应经过论证，使之与施工水平、施工机械配备、施工条件、施工人员及施工管理水平等相适应。

（三）确定主要施工项目的施工程序

某抽水蓄能电站的主体和施工辅助工程主要建筑物施工特性见表 3–1，通过对其主要施工工程量的分析研究，找出各项施工部位的前后逻辑关系，合理确定施工工期。

表 3–1　　某抽水蓄能电站的主体和施工辅助工程主要建筑物施工特性

序号	项目	单位	上水库	输水系统	地下厂房系统	下水库	临时工程	枢纽小计	总计
1	土方开挖	万 m^3	54	17	5	164	8	239	247
2	石方开挖	万 m^3	313	126	26	78	18	543	561
3	石方洞挖	万 m^3	—	47	74	2	29	123	152
4	堆石料填筑	万 m^3	246	—	—	110	—	356	356
5	风化料填筑	万 m^3	—	—	—	61	—	61	61
6	过渡料填筑	万 m^3	21	—	—	30	1	52	53
7	垫层料填筑	万 m^3	8.3	—	—	9.3	1.6	17.6	19.2
8	碎石填筑	万 m^3	0.9	—	—	0.9	—	1.8	1.8
9	砌块石	万 m^3	1.4	—	0.6	3.3	0.5	5.3	5.8
10	石渣回填	万 m^3	7	—	—	22	11	29	40
11	黏土回填	万 m^3	3.7	—	—	5.9	0.1	9.6	9.7
12	绿化填土	万 m^3	0.6	—	—	0.9	—	1.5	1.5
13	混凝土	万 m^3	4	19	16	7	8	46	54
14	喷混凝土	万 m^3	1.7	2.4	3.2	2.1	1.8	9.3	11.1
15	钢筋	t	2670	12 340	13 772	5103	2169	33 886	36 055
16	钢材	t	183	17 437	895	606	282	19 120	19 402
17	锚杆	万根	3.0	10.2	14.4	3.2	6.3	30.8	37.1
18	预应力锚杆	根	—	488	1927	—	—	2415	2415

续表

序号	项目	单位	上水库	输水系统	地下厂房系统	下水库	临时工程	枢纽小计	总计
19	预应力锚索	根	928	64	543	—	—	1536	1536
20	固结灌浆	万 m	1.5	37.1	2.2	2.8	1.7	43.6	45.3
21	帷幕灌浆	万 m	2.8	0.1	0.6	2.1	0.9	5.6	6.5
22	回填灌浆	万 m^2	—	5.2	3.7	0.4	2.5	9.3	11.8
23	接触灌浆	万 m^2	—	0.7	—	0.1	—	0.8	0.8
24	排水孔	万 m	10	4	14	8	3	35	38
25	土工布	万 m^2	2.6	—	—	0.4	—	3.0	3.0
26	钢格栅	t	—	413	196	245	401	854	1255
27	小导管	万 m	—	4.9	0.8	1.5	4.5	7.2	11.7
28	止水铜片	m	4500	—	5107	8823	—	18 430	18 430
29	金属结构	t	—	—	—	—	—	3273.5	3273.5

（1）地下厂房是施工关键线路，厂顶施工支洞（通风兼安全洞）长约 1.1km，进厂交通洞长约 1.7km，是厂房施工的必需通道，需安排在筹建期内施工，为承包人进点后尽快进行地下厂房系统及尾水系统施工创造条件。

（2）上、下水库之间地形陡峻，上、下水库连接公路为沟通上、下水库的唯一通道，长约 12km。上水库大坝施工需在上、下水库连接公路路基形成之后才能进行主体工程施工，上、下水库连接公路需尽早形成。

（3）上下水库大坝均为面板堆石坝，大坝堆石料主要利用库盆及进出水口明挖料、地下工程开挖料。为减少有用料的中转量，库盆、进出水口等部位开挖尽量与大坝填筑同期进行。

（4）根据当地气象站温度统计资料分析，上、下水库大坝面板宜安排在 10～12 月或 2～4 月浇筑，面板浇筑前，大坝应沉降 4～5 个月。

（5）该工程上、下水库原天然河沟集雨面积小，为满足机组调试及发电需要，需尽早完成上、下水库大坝并提前蓄水，以减少水泵补水量。

（6）上、下水库进出水口与引水、尾水隧洞及地下厂房相通，一旦进水，对地下厂房安全施工及工期影响较大，因此进出水口施工期度汛采用全年 100 年一遇洪水标准，用检修闸门挡水度汛，闸门需在输水系统贯通前安装完成。

（四）工程施工总进度计划

1. 关键线路

某抽水蓄能电站共计 6 台发电机组，第 1 年 1 月初承包人进点，准备期 4 个月，第 3 年 6 月底厂房开挖完成，厂房开挖工期 26 个月，其中厂房上部开挖 11 个月，岩壁吊车梁混凝土浇筑 3 个月，中下部开挖 12 个月。第 3 年 7 月初开始进行厂房混凝土浇筑及机组安装，至第 6 年 5 月底首台机组发电，首台机组安装工期 35 个月；2～6 号机组分别相隔4、4、3、3、3个月后相继并网发电，至第7年10月底全部机组投入运行。

施工进度的关键线路为地下厂房施工，其具体施工线路为：承包人进点→施工准备→厂房顶拱开挖→岩壁吊车梁施工→厂房中下部开挖→肘管安装及混凝土浇筑→机组安装及混凝土浇筑→第一台机组调试及发电→后5台机组安装、调试及发电→工程完工。

除此以外，在工程建设过程中还需注意的次关键线路为引水系统施工：1号斜井导井开挖→1号斜井扩挖→1号斜井衬砌→1号斜井灌浆→引水中平洞混凝土衬砌→引水系统施工支洞封堵。

施工过程中存在的许多不可预见性因素，对施工进度的影响较大，要及时根据现场实际工程进展情况，定期对关键线路进行梳理、分析，合理分配施工资源，确保电站建设总目标能够顺利完成。

2. 主体工程进度计划

（1）上水库施工进度计划。上水库工程由大坝、环库公路及库盆防护等组成，主要工程量有：土石方明挖370万m^3，土石方填筑289万m^3，混凝土5.8万m^3。

1）坝基处理进度。承包人于第1年1月进点后，经3个月施工准备，于4月进行上水库导流隧洞施工，第1年9月完成。同期可进行边坡清理和趾板基础开挖，于第1年10月初开始进行趾板浇筑，并随坝体填筑面的升高而提前进行逐层浇筑，坝基石方开挖强度约6万m^3/月。

2）上水库库盆及库尾石料场施工进度。库盆施工主要为库盆腐殖土清理、石方开挖及库岸支护，土方开挖21.5万m^3，石方开挖40万m^3，库尾石料场开挖251万m^3。上水库库盆及库尾石料场土方清理应在大坝填筑之前完成，一方面可用于回填一部分场地修建临时工厂，另一方面可避免土方混入石方影响上坝料质量。石方开挖与大坝坝体填筑同步进行，以确保开挖石料可直接上坝填筑，库盆开挖的时间安排在第1年4月～第3年3月，施工时间为24个月。

在库盆清理完成后进行库岸边坡的处理，主要为基础混凝土处理、库岸边坡喷混凝土、边坡锚杆、锚索、排水孔、坝肩库岸的帷幕灌浆等，其工作强度均较低，在第4年3月底上水库蓄水前完成即可。

3）坝体填筑进度。主坝最大坝高117.7m，坝体填筑从第1年11月～第3年4月底，填筑时间18个月，平均填筑强度约为15万m^3/月，平均上升速度为6.5m/月。

4）面板混凝土施工进度。主坝面板混凝土施工应尽量避开高温季节，以防止产生裂缝。同时为尽量减少坝体面板混凝土浇筑后变形开裂，在主坝填筑完成经5个月的沉降期后，再进行坝体面板混凝土的浇筑。计划面板混凝土施工从第3年10～12月完成，历时3个月，平均浇筑强度0.6万m^3/月。

5）上水库其他项目。面板浇筑完成后，进行坝前粉土及石渣回填，历时1个月，填筑强度约9万m^3/月，随后进行导流洞封堵及灌浆，历时2个月，上水库大坝于第4年3月底具备蓄水条件。环库公路路基开挖与库盆开挖一起进行，路面浇筑可在蓄水后进行。

（2）输水系统施工进度计划。输水系统工程包括上、下水库进出水口、引水平洞、引水斜井、引水岔管、引水支管、尾水支管、尾水岔管、尾水隧洞及排水廊道等，主要工程量有：土方明挖 16.7 万 m³，石方明挖 126 万 m³，石方洞挖 47 万 m³，混凝土、喷混凝土 22 万 m³，钢管安装 16 993t。

1）上水库进出水口施工进度。上水库进出水口开挖包括上水库事故检修闸门井平台的开挖及闸门井洞挖等，安排在第 1 年 4 月～第 2 年 3 月进行，历时 12 个月，明挖强度为 5 万 m³/月。在进出水口开挖基本完成后，由进出水口方向进入引水上平洞，进行事故检修闸门井上游段的引水上平洞段洞挖。引水上平洞完成后再进行事故检修闸门井井挖，之后进行事故检修闸门井的混凝土衬砌、灌浆和闸门启闭机安装。由于第 3 年汛期 1 号引水系统已贯通，且厂房开挖已完成，上水库进/出水口事故检修闸门安排在第 3 年 3 月底之前完成，具备下闸挡水条件，以保证在 100 年一遇洪水标准下地下厂房施工安全。

2）引水系统施工进度。引水系统是整个工程的次关键线路，而引水斜井的施工是引水系统施工中最为关键的项目。上、下斜井直线长约 390m，开挖直径为 5.6m，全洞采用钢板衬砌，外侧回填 0.6m 厚混凝土。引水系统布置了上平洞施工支洞（1、2 号支洞）、中平洞施工支洞（3 号支洞）和下平洞施工支洞（4 号支洞）四条施工支洞，使引水系统形成多个工作面同时进行施工。

第 2 年 9 月初开始通过 3、4 号施工支洞进行 1 号引水系统上、下斜井导井开挖，斜井施工需配置两套爬罐。由于单条斜井长约 390m，因此，分上、下两个工作面进行导井开挖，下部采用爬罐施工 310m，上部采用人工正导井法施工 80m，导井开挖平均进尺约 60m/月，历时 5 个月，至第 3 年 1 月底完成。斜井扩挖采用自上而下的方式，扩挖平均进尺约 70m/月，历时 6 个月。斜井钢衬的安装进尺约 40m/月，随后进行平洞段和上弯段钢衬安装，最后进行 1 号引水系统施工支洞封堵，于第 5 年 4 月底具备充水试验条件，在第 5 年 12 月底首台机组调试之前可完成压力管道充水试验。

第 2 年 2 月底 4 号施工支洞开挖完成后，进行 1 号引水下平洞、引水岔管、引水支管的开挖，随后进行支洞段的钢管安装、混凝土回填及岔管段的混凝土衬砌。岔管部位结构复杂，采用短进尺多循环的方法，支管段开挖平均进尺约 40m/月，1 号引水岔管、引水支管的开挖用时约 5 个月。6 条引水支管总长约 260m，支管钢衬的安装、混凝土回填和岔管混凝土衬砌从第 2 年 12 月初开始至第 4 年 11 月底完成，共耗时 24 个月。

2、3 号引水系统的施工方法、施工强度及工序安排与 1 号引水系统相同，分别于 3、5 号机组调试之前完成压力管道充水试验。

3）尾水系统施工进度。尾水隧洞长约 1042.3m，开挖直径为 7m，采用混凝土衬砌。尾水系统的施工以 6、7 号施工支洞作为主要施工通道。6 号施工支洞于第 1 年 12 月底施工完成，随后进行 1 号尾水隧洞开挖和衬砌，开挖进尺 100m/月，衬砌进尺 60m/月。

尾水岔管、尾水支洞的开挖安排在第 2 年 1～12 月进行，要求在厂房下部开挖前基本完成，并作为厂房下部开挖出渣的施工通道。尾水支洞开挖平均进尺 100m/月，尾水支洞钢衬及岔管的混凝土衬砌在 1 号机组尾水肘管安装基本完成后开始进行，并于第 5 年 12 月底完成。

1 号尾水系统的施工支洞封堵工作安排在第 5 年 1 月完成，2 号尾水系统的施工支洞封堵工作安排在第 5 年 8 月完成，3 号尾水系统的施工支洞封堵工作安排在第 6 年 11 月完成，分别满足 1、3、5 号机组发电前机组调试的进度要求。

4）下水库进出水口施工进度。下水库进出水口土方明挖 14 万 m^3，石方明挖 77 万 m^3，混凝土 3 万 m^3。土石方明挖安排在第 1 年 7 月开始，历时 9 个月，平均开挖强度为 9 万 m^3/月。混凝土浇筑安排在开挖完成后进行，历时 10 个月，平均开挖强度为 0.3 万 m^3/月。下水库检修闸门安装历时 3 个月，在第 3 年 4 月之前具备下闸条件，以确保厂房度汛。

（3）地下厂房系统施工进度计划。该工程地下主、副厂房（包括安装间）尺寸为 208m×23.5m×53.4m（长×宽×高），地下主、副厂房的施工为该工程施工进度关键线路。

Ⅰ、Ⅱ两层开挖量为 7.8 万 m^3，从第 1 年 5 月开始开挖，以通风兼安全洞作为施工通道，至第 2 年 3 月完成，历时 11 个月（其中顶拱支护、小牛腿施工约 2.5 个月），第Ⅰ层开挖进尺：中导洞 65m/月、扩挖 50m/月，第Ⅱ层开挖进尺为 50m/月，平均开挖强度为 0.8 万 m^3/月。主厂房岩壁吊车梁混凝土计划从第 2 年 4 月开始至 6 月底完成，历时约 3 个月。厂房中、下部开挖量 17.1 万 m^3，分别以进厂交通洞和 5 号施工支洞、6 号施工支洞为施工通道，从第 2 年 7 月开始开挖，至第 3 年 6 月底完成，历时 12 个月，平均开挖强度为 1.6 万 m^3/月。

主变压器洞开挖尺寸为 222m×19m×22.15m（长×宽×高），滞后于厂房顶拱开挖，于第 1 年 12 月开始至第 3 年 1 月完成，历时 14 个月，平均开挖强度为 0.7 万 m^3/月。尾闸洞滞后于主变压器洞顶拱开挖，于第 2 年 4 月开始至 11 月完成，平均开挖强度为 0.2 万 m^3/月。

500kV 开关站主要工程量有：土方明挖 3.5 万 m^3，石方明挖 22.5 万 m^3，混凝土 1.7 万 m^3，500kV 出线洞全长 835m。开关站的土石方明挖从第 1 年 7 月开始，历时 4 个月，随后以开关站为通道进行 500kV 出线洞开挖和混凝土浇筑，施工时间分别为 10 个月和 12 个月，最后进行开关站混凝土浇筑，历时 10 个月，至第 4 年 6 月完成开关站土建施工。石方开挖平均强度为 5.5 万 m^3/月，洞挖平均进尺 80m/月，混凝土浇筑平均强度约为 0.17 万 m^3/月。

（4）机组设备安装工程进度计划。机组设备安装和调试是该工程的关键线路，其工作程序为：1 号机组厂房底板混凝土浇筑→1 号机组尾水管及肘管安装→1 号机组蜗壳基础施工→1 号机组座环蜗壳安装→1 号机组蜗壳外围混凝土浇筑→1 号机组机墩、风罩、发电机层楼板施工→1 号机组安装、调试、试运行→1 号机组投产→2～6 号机机组安装调试、试运行。从主副厂房工作面移交至首台机组并网发电用时 35 个月，其中从厂房底板混凝土浇筑至发电机层需时 15 个月，高峰期混凝土浇筑强度为 0.57 万 m^3/月。

第 3 年 6 月底厂房开挖完成，第 3 年 8 年底完成桥机安装调试及验收，具备大件吊装条件。第 3 年 7 月初开始厂房底板混凝土回填和肘管支墩混凝土浇筑，并于第 3 年 12 月开始蜗壳安装，历时 5 个月，于第 4 年 4 月底完成蜗壳水压试验，随后进行蜗壳保压混凝土浇筑，至第 4 年 9 月底混凝土浇筑至发电机层。首台机组安装于第 5 年 12 月底完成，具备系统调试条件，于第 5 年 5 月底首台机组并网发电。2～6 号机组分别相隔 4、4、3、3、3 个月后相继并网发电，至第 7 年 10 月底全部机组投入运行。

(5) 下水库施工进度计划。下水库工程施工主要包括导流泄放洞、面板堆石坝、库岸防护及竖井式溢洪道等。

导流隧洞与永久放空洞相结合，洞长约 350m，断面尺寸为 3.5m×4.0m（宽×高，城门洞型），安排在第 1 年 3 月开始施工，至同年 12 月完成，随后完成围堰施工。

下水库混凝土面板堆石坝坝顶高程为 345.10m，最大坝高 65.10m，坝顶长 435.00m，填筑量约 207 万 m^3。在导流洞开挖的同时进行坝基和坝肩的开挖，随后进行坝体填筑，历时 16 个月，大坝填筑强度约为 13 万 m^3/月。大坝填筑完成后经 5 个月沉降，选择在第 3 年 10～12 月进行面板浇筑，工期 3 个月，浇筑强度约为 0.63 万 m^3/月，随后进行坝前粉土回填和导流隧洞改建。下水库的下闸蓄水时间安排在第 4 年 2 月初，蓄水期间还可进行环库公路路面混凝土浇筑。

竖井式溢洪道工期安排较灵活，开挖尽量与大坝填筑同期进行，以利开挖料直接上坝填筑，于第 3 年 2 月全部完成。

思考与练习

1. 施工进度计划的编制依据是什么？
2. 抽水蓄能电站工程总进度安排的原则是什么？
3. 抽水蓄能工程施工进度计划的关键线路及具体施工线路是什么？

模块 3　项目进度计划控制管理措施（Ⅲ级）

模块描述　本模块介绍建设工程项目进度控制的任务和措施，通过案例分析，能够组织项目进度计划的实施、监督、纠偏。

正 文

一、影响工程施工进度的因素分析

为了对工程项目的施工进度进行有效控制，必须在施工进度计划实施之前对影响工程项目工程进度的因素进行分析，进而提出保证施工进度计划实施成功的措施，以实现对工程项目施工进度的主动控制。影响工程项目施工进度的因素有很多，归纳起来，主要有以下几个方面。

（一）工程建设相关单位的影响

影响工程项目施工进度的单位不只是施工承包单位，事实上，只要是与工程建设有关的单位（如政府有关部门、项目建设单位、设计单位、物资供应单位、资金贷款单位，以及运输、通信、供电等部门等），其工作进度的拖后必将对施工进度产生影响。因此，控制施工进度仅仅考虑施工承包单位是不够的，必须充分发挥监理的作用，协调各相关单位之间的进度关系。而对于无法进行协调控制的进度关系，在进度计划的安排中应留有足够的机动时间。

（二）物资供应进度的影响

施工过程中需要的材料、构配件、机具和设备等如果不能按期运抵施工现场或者运抵施工现场后发现其质量不符合有关标准的要求，都会对施工进度产生影响。因此，项目进度控制人员应严格把关，采取有效措施控制好物资供应进度。

（三）资金的影响

工程施工的顺利进行必须有足够的资金作保障。一般来说，资金的影响主要来自项目建设单位，或者是由于没有及时给足工程预付款，或者是由于拖欠了工程进度款，这些都会影响承包单位流动资金的周转，进而殃及施工进度。项目进度控制人员应根据项目建设单位的资金供应能力，安排好施工进度计划，并督促项目建设单位及时拨付工程预付款和工程进度款，以免因资金供应不足而拖延进度。

（四）工程变更的影响

在施工过程中，出现工程变更是难免的，或者是由于原设计有问题需要修改，或者是又在施工中提出了新的要求。对出现的工程变更应严格按照公司的规定做好审批管理工作，并及时分析工程变更对进度计划产生的影响。

（五）施工条件的影响

在施工过程中，一旦遇到气候、水文、地质及周围环境等方面的不利因素，必然会影响施工进度。此时，承包单位应利用自身的技术组织能力予以克服。监理应积极协调关系，协助承包单位解决那些自身不能解决的问题。

（六）各种风险因素的影响

风险因素包括政治、经济、技术及自然、社会等方面的各种预见的因素。政治方面的有防恐、劳务纠纷、拒付债务、制裁、重要节假日停供火工品等；经济方面的有延迟付款、汇率浮动、换汇控制、通货膨胀、分包单位违约等；技术方面的有工程事故、试验失败、标准变化等；自然方面的有地震、洪水；社会方面的有工程所在地的民风民俗、传统节日（特别是中国的春节）、水电项目概算定额不合理等。

（七）承包商自身管理水平的影响

施工单位低价中标，资源投入不足；指导性控制工期编制不尽合理，工期优化未充分考虑项目的具体特点；进度计划编制过于理想化；计划编制人员对项目所处的特殊地理位置所面临的风险因素考虑不周，影响估计不足；项目前期地质勘察工作不细致，工程变更超出预期；设计人员经验不足，技术力量薄弱；监理未起到有效的进度监管；施工单位的施工组织不力、现场人员、设备投入不足，导致进度不能按计划推进。

正是由于上述各种因素的影响，施工进度计划的执行过程难免会产生偏差，一旦发现进度偏差，就应及时分析产生的原因，采取必要纠偏措施或调整原进度计划，这种调整过程是一种动态控制的过程。

二、进度计划的动态控制

完善的计划编制体系，需要有对应的完善的计划实施保证措施。为了保证建设项目施工进度计划的实施，并保证各进度目标的实现，应做好如下工作。

（一）做好计划交底工作

施工进度计划的实施是项目全体工作人员共同的行为，因此要做好计划的交底工作。在计划实施前的交底工作可以根据计划的范围，并围绕计划安排或创造良好的内外部施工环境。月度计划是最为重要的施工控制计划，必须安排生产管理人员参加交底，让工程管理人员知悉计划并组织人员进行实施。各专业管理人员需要按照计划逐项进行人力和机械的加载，以确定本月度的人力和机械的需求情况。这个环节是保证工程计划顺利实施的最关键环节。周计划为各专业科室自定和审批的计划，各专业科室管理人员必须召开计划交底会，并要求相关施工人员都明确各项计划的任务、目标。周计划的交底可以让施工人员有责任感和使命感，可以将计划实施变成全体员工的自觉行动，发挥广大员工的干劲和创造精神。日计划为班组工作安排计划或调试阶段的日试验计划或整改计划，通过晨会进行布置和检查，及时明确和完成当天任务。

（二）建立计划考核制度

计划执行必须具有高度的严肃性，否则计划将成为一纸空文。计划编制并下发后，必须有相应的管理制度——计划考核制作为它的保证措施。计划考核制可分为两个层次。第一层次为施工合同签订时，项目建设单位对施工进度控制在合同中的考核。要求施工项目承担者采取切实有效的措施来保证进度的实现而不拖延。第二层次是项目部对施工作业队伍的考核。项目部管理人员制定出计划考核办法，并下发到各施工作业队。在考核办法中规定出计划完成量对应的措施。一经确定的计划考核制度，就必须严格执行。项目部对施工作业队考核一般以月度考核为主，考核的依据是月度计划。在月度计划编制时，针对重要的施工项目制定出节点计划，月度考核时对照月度节点计划完成情况进行相应的考核。每个月度或计划周期结束时，通过计划进度和完成情况数据的对比，分析出未完成项目的原因，并按照计划考核办法进行考核。

（三）做好现场调度和协调

项目施工过程中的调度工作是使施工进度计划实施顺利进行的重要手段。现场调度主要任务是利用现场有限的资源，协调解决施工中存在的问题，加强施工中薄弱环节，确保工程的顺利进展，保证施工计划完成和进度目标实现。各个层次的项目进度控制针对不同的计划应由项目部设立调度员或协调部门。协调中发生进度计划需变更，必须与有关单位和部门及时沟通。调度人员必须每天在现场协调各种矛盾，确保矛盾的迅速解决，保证施工的顺畅进行。调度人员必须定期召开现场进度调度会议，在调度会上协调重大的施工问题，贯彻施工项目主管人员的决策，发布调度令。

（四）做好进度计划的检查

在实施进度计划的过程中应进行下列工作：跟踪检查，收集实际进度数据；将实际进度与进度计划进行对比；分析计划执行的情况；对产生的进度变化，采取相应措施进行纠正或调整计划，检查措施的落实情况；变更进度计划，必须与有关单位和部门及时沟通。在对进度目标实施监督与控制时，进度管理人员必须掌握以下几种常规的检查和比较的动态控制方法，以便及时评价进度计划执行状况或将来执行状况与计划目标的偏差，并经过分析，找出产生偏差的原因，制定纠偏措施，从而保证施工进度目标的实现。

对进度计划进行检查与调整应依据进度计划的实施记录，跟踪检查，收集实际进度材料，进行统计整理和对比分析，确定实际进度与计划进度之间的关系。进度计划检查应按统计周期的规定进行定期检查，根据需要进行不定期检查。跟踪检查的时间和收集数据的质量，直接影响计划控制工作的质量和效果。现场的计划管理人员应该每天在现场对照月度计划检查完成情况。对于滞后的施工项目需要在每天下午的调度会上给予指出，并帮助解决存在的问题。对于应该开工而未开工的项目，计划管理人员需要给予提醒。

进度计划的检查应包括下列内容：工作量的完成情况；工作时间的执行情况；资源使用及与进度的匹配情况；上次检查提出问题的处理情况。进度计划检查后编制进度报告，总体进度情况分析完成后，形成计划执行报告上报主管部门和项目部高层管理人员，便于其掌握动态和决策。进度报告的内容包括：进度执行情况的综合描述；实际进度与计划进度的对比资料；进度计划的实施问题及原因分析；进度执行情况对质量、安全和成本等的影响情况；采取的措施和对未来计划进度的预测。

（五）进度计划的动态控制方法

1. 横道图比较法

横道图是一种最直观的工期计划方法，在国外又被称为甘特（Gantt）图，它以横坐标表示时间，工程活动在图的左侧纵向排列，以活动所对应的横道位置表示活动的起始时间，横道的长短表示持续时间的长短。它实质上是图和表的结合形式。

2. 网络技术

对于包括许多相互关联并连续活动的大型复杂的综合建设项目和对实施进度有图书要求的项目，需要使用网络图，应用统筹方法对项目实施进度作出安排。网络的定义是一组节点（圆圈）用一组带方向的弧所连接，关键路线法（CPM）和项目评审技术（PERT）是应用网络图的两种方法，网络图多用于施工阶段的项目规划与控制。目前在可行性研究阶段，一些行业也有所应用。关键线路法（critical path method，CPM）是计划中工作和工作时间之间的逻辑关系肯定，且对每项工作只估定一个肯定的持续时间的网络计划技术。而关键工作是指没有机动工作时间的工作，即总时差最小的工作。当计划工期等于计算工期时，总时差为零的工作就是关键工作。网络计划中自始至终全由关键工作组成的线路，位于该线路上的各工作总持续时间最长，这条线路叫关键线路。一个网络计划中，至少有一条关键线路，也可能有多条关键线路。

（六）以 PDCA 循环为中心的进度管理思路

全面质量管理采用一套科学的、合乎认识论的办事程序即是 PDCA 循环法。PDCA 由英文的计划（plan）、执行（do）、检查（check）、处理（action）几个词的第一个字母组成，它反映了质量管理必须遵循的 4 个阶段。进度管理采用的科学的、合乎认识论的办事程序同样也是 PDCA 循环。

1. 大环套小环，互相促进

PDCA 循环不仅适用于整个企业，而且也适用于各个项目、专业、班组，以至个人。根据企业总的方针目标，项目进度管理的各级各专业都有自己的目标和自己的 PDCA 循环。这样就形成了大环套小环，小环里面又套有更小的环的情况，各级进度管理责任单位、部门都有各自的PDCA循环，具体落实到每一个人上也有进度执行方面的PDCA循环。上一级PDCA循环是下一级PDCA循环的依据，下一级PDCA循环又是上一级PDCA循环的贯彻落实和具体化。通过循环，把施工企业的各项工作有机地联系起来，彼此协同，互相促进。

2. 螺旋形上升循环

项目的进度管理通过四个阶段周而复始地循环，而每一次都有新的内容和目标，因而就会前进一步，解决一批问题，进度管理水平就会有新的提高。

3. 推动PDCA循环的关键在于总结

所谓总结，就是总结经验，肯定成绩，纠正错误，提出新的目标有利于实施。这是PDCA 循环之所以能上升、前进的关键。如果只有前三个阶段，没有将成功经验和失败教训纳入有关标准、制度和规定中，就不能巩固成绩，吸取教训，下一项目进度管理中就要继续摸索，项目实施中就要花更多的代价。因此推动PDCA循环，一定要抓好总结这个阶段。

4. 进度管理利用PDCA循环进行持续改进

为了提高管理水平，获得企业效益，在施工项目管理进度方面必须坚持持续改进。持续改进的主要步骤如下：① 主题选择。可以是进度管理方法、管理软件的应用，也可以是方案或设计等对进度影响的研究，确定要改善的目标，通过在具体的项目中组织实施。② 数据收集与分析。收集当前施工项目管理中的生产方法和生产力水平的数据并作整理。③ 原因分析。集合各方经验，利用头脑风暴法、因果分析图等分析每一个可能影响进度的因素和发生问题的原因。④ 方案计划与实施。利用有经验的进度管理人员和技术人员，通过各种检验比较方法，找出各种解决措施，制定新的方案和计划实行。⑤ 效果评估。通过数据收集、分析、检查方案和计划是否有效和达到什么效果。⑥ 标准化。当方法证明有效后，制定工作守则或标准，如工期定额等。⑦ 反映下一个项目。总结成效，并制定解决类似相关问题的方案，指导下一个项目。

三、工程进度管理采取的措施

工程项目建设中的工程项目进度控制、质量控制和投资控制并列为工程建设控制的三大目标。工程项目进度控制是指在项目目标实施的过程中，为使工程项目的实际进度与计划进度要求相一致，使工程项目按照预定的时间完成及交付使用而开展的控制活动。在工程项目建设过程中，工程项目的实际进度往往不能按计划进度实现，实际进度与计划进度常常存在一定的偏差，有时候甚至会出现相当程度的滞后。这是由于工程项目建设具有庞大、复杂、周期长、相关单位多等特点，工程施工进度无论在主观或客观上都受到诸多因素的制约。

（一）合同措施

施工合同是建设单位与施工单位订立的，用来明确责任、权利关系的具有法律效力的协议文件，是运用市场经济体制组织项目实施的基本手段。建设单位根据施工合同要求施工单位在合同工期内完成工程建设任务，并以施工单位实际完成工程量（符合设计图纸及质量要求的）为依据按施工合同约定的方式、比例支付工程款。因此，合同措施是建设单位进行目标控制的重要手段，是确保目标控制得以顺利实施的有效措施。

（1）加强合同管理，协调合同工期与进度计划间的关系，保证合同中进度目标的实现。合同工期延期一般是由于建设单位、工程变更、不可抗力等原因造成的；而工期延误是施工单位组织不力或因管理不善等原因造成的，两者概念不同。因此，合同约定中应明确合同工期顺延的申报条件和许可条件，即导致工期拖延的原因不是施工单位自身的原因引起的，例如，施工场地条件的变更，建设、合同文件的缺陷，由于建设单位或设计单位图纸变更原因造成的临时停工、工期耽搁，由项目建设单位供应的材料、设备的推迟到货，影响施工的不可抗力等。上述原因造成的工期拖延是申请合同工期延期的首要条件，但并非一定可以获得批准。此外，合同工期延期的批准还必须符合实际情况和注意时效性。通常约定为在延期事件发生后 28 天内向建设单位代表或监理工程师提出申请，并递交详细报告，否则申请无效。

（2）严格控制合同变更，对各方提出的工程变更和设计变更，应组织严格审查后再执行。

（3）加强风险管理，在合同中应充分考虑风险因素对进度的影响，以及相应的处理方法。

（4）加强索赔管理，公正地处理索赔。

（二）组织措施

组织协调是实现进度控制的有效措施。为有效控制工程项目的进度，必须处理好参建各方工作中存在的问题，建立协调的工作关系，通过明确各方的职责、权利和工作考核标准，充分调动和发挥各方工作的积极性、创造性及潜在能力。

1. 建立进度控制目标体系，明确职责分工

对于参建单位来说，工程项目安全、质量、进度的三大控制目标都同等重要。就进度控制来说，施工单位的主要职责是根据合同工期编制和执行施工进度计划，并在监理单位监督下确保工程质量合格。如造成工期拖延，建设单位及时组织监理对工程进度进行全面的检查和分析。对未完成的非关键线路作业计划进一步加强进度督查；对未完成的关键线路作业计划的施工单位，应要求其采取实施纠偏措施。

2. 加强对施工项目部的管理

施工单位工程项目部是建设项目进度实施的主体，进度控制的现场协调离不开施工项目部人员的积极配合。因此，施工项目部组成人员的素质尤为重要。应当要求施工项目部的人员配备与招投标文件相符，主动加强与施工项目部人员的相互沟通，了解其技术管理水平和能力，正确引导其自觉地为实现目标控制而努力。在施工项目部消极应付、不积极配合工作的情况下，建设单位现场管理人员有权对施工项目部组成人员的调整提出意见。同时，建设单位还可以敦促监理单位对施工项目部从进度、质量、资金等方面进行监督检查管理。

总之，上述措施主要是以提高预控能力、加强主动控制的办法来达到加快施工进度的目的。在项目实施过程中，要将被动控制与主动控制紧密地结合起来。只有认真分析

各种因素对工程进度目标的影响程度，及时将实际进度与计划进度进行对比，制定纠正偏差的方案，才能使实际进度与计划进度保持一致。

【案例 3–1】某抽水蓄能电站工程进度控制案例

1. 工程概况

某抽水蓄能电站枢纽工程由上水库、下水库、输水建筑物、地下厂房洞室群、地面开关站及永久公路等组成。电站装机容量为 8×300MW，上、下水库自然高差为 531m。工程计划总工期为 8 年 3 个月；主体工程于 2004 年 9 月 1 日开工；2008 年 8 月 1 日，1 号机组投产运行；2010 年 3 月 31 日，电站全部竣工，8 台机组全部投产运行。

2. 工程进度计划分析

（1）计划发电工期分析。电站发电工期是指从主体工程开工到第一台机组并网运行的时间跨度。当电站的第一台机组并网运行时，电站的大坝等挡水建筑物、引水建筑物、发电厂房及其他附属设施已基本完工，其他未完工项目可以在其余机组安装过程中进行建设。对电站建设过程中影响较大的水文、地质等不可预见的风险因素，当电站第一台机组并网运行后（这些原为不可预见的因素）也基本明确，也就是说，电站建设的工期风险已经比较小。所以，电站的计划发电工期是电站建设最重要的阶段性目标工期，它的确定对整个电站的工期计划具有重大的意义。

某抽水蓄能电站枢纽建筑物由上水库枢纽、引水系统、地下厂房系统和下水库枢纽四部分组成。由于上、下水库库容小，大坝的工程规模不大，其施工不控制整个工程工期；引水系统在整个电站建设中可以穿插进行，也不控制施工总进度，但其中高压管道，特别是斜井或高压岔管部分，由于洞径大、结构复杂、施工难度大、质量要求高，如遇不良地质状况需处理而延误工期，有可能影响工程发电工期；地下厂房系统埋藏深、开挖量集中，是电站控制发电工期的关键线路。

根据以上分析，某抽水蓄能电站控制发电工期的关键线路为：施工准备→A 厂出渣兼通风洞开挖→A 厂主副厂房开挖、支护→1 号机组混凝土浇筑→ 1 号机组安装、调试、运行。在参考同类型电站建设经验的基础上，经过反复论证，某抽水蓄能电站的计划发电工期确定为 49 个月，即从 A 厂主副厂房开挖、支护开工到 1 号机组调试、运行的计划工期为 49 个月。某抽水蓄能电站发电工期进度计划横道图如图 3–4 所示。

编号	项目内容	开始日期	结束日期
FDGQ10	A厂主副厂房开挖、支护	041001	060531
FDGQ20	1号机组混凝土浇筑	060601	070930
FDGQ30	1号机组安装、调试、运行	060901	081031

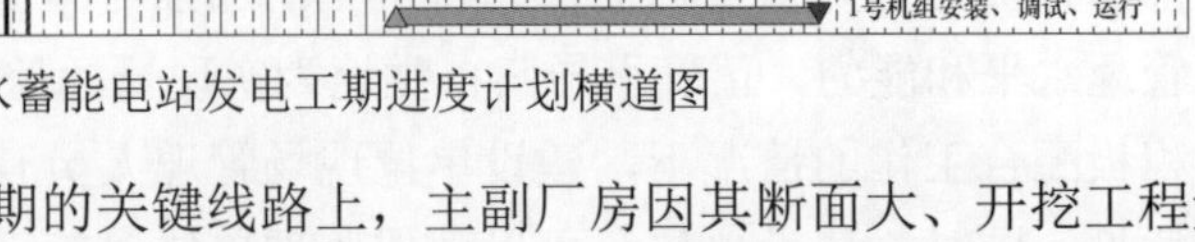

图 3–4　某抽水蓄能电站发电工期进度计划横道图

在某抽水蓄能电站计划发电工期的关键线路上，主副厂房因其断面大、开挖工程量大，与其他洞室施工有一定干扰，又成为关键线路上的控制性工程。因此加快主副厂房开挖、支护，将成为加快整个电站建设进度十分重要的环节。为了使主副厂房能按期开工，并加快其开挖、支护进度，以确保发电工期，在参考同类型电站建设经验的基础上，该电站在设计方案、施工组织等方面考虑了以下几个技术措施：

1）充分利用永久隧洞和引水系统的施工支洞作为施工通道，为尽早进入厂房开挖创造施工条件。该电站主厂房是高度为48.25m的地下式厂房，在施工时需分六层开挖，充分利用永久隧洞和引水系统的施工支洞作为厂房开挖施工通道，对节约工程投资和加快进度具有重大的意义。某电站A厂厂房各层的开挖施工通道见表3–2。

表3–2　　某电站A厂厂房各层的开挖施工通道

层别	施工通道	备　注
Ⅰ、Ⅱ	A厂通风洞	通风洞将作为电站投产后地下厂房的通风通道
Ⅲ	交通洞	交通洞将作为电站投产后地下厂房的交通要道
Ⅳ	4号支洞→2号支洞→交通洞	2号支洞后期作为下平洞、高岔等建筑物的施工支洞
Ⅴ	3号引水支管→5号支洞→2号支洞→交通洞	3号引水支管为电站引水系统的组成部分，5号支洞后期作为引水支管开挖和钢管安装的施工支洞
Ⅵ	2号尾水支管→3号支洞→2号支洞→交通洞	2号尾水支管为电站引水系统的组成部分，3号支洞后期作为尾水支管、尾水调压井等建筑物的施工支洞

由表3–2可知，除4号支洞外，该电站地下厂房均利用永久隧洞和引水系统的施工支洞作为施工通道。另外，该电站选择了通风洞长度较短的A厂厂房优先施工的方案（A厂通风洞的长度仅为B厂通风洞的一半），可以为尽早进入A厂厂房施工创造有利条件，确保电站计划发电工期的如期完成。

2）在施工规划分区上，将厂房六层开挖划分为一个独立单元，与厂房相交的洞室如母线洞、引水支管、尾水支管等的施工尽量避免对厂房开挖的干扰。在进度安排上，这些洞室必须与厂房开挖形成多工序、多工作面平行交叉作业，使这些洞室（除3号引水支管和2号尾水支管外）的开挖尽量少占用厂房开挖的直线工期。

3）根据某抽水蓄能电站的地质情况，厂房内采用岩壁吊车梁，减少了厂房开挖跨度和工程量，并可提前浇筑机组一期混凝土，较大程度缩短了厂房的施工工期。

（2）总进度计划目标。根据某抽水蓄能电站已确定的电站发电工期和预可行性研究、可行性研究的成果，结合电网的需求，在参考同类型电站建设经验的基础上，经过反复论证和优化，确定该电站的建设总工期为99个月（8年零3个月）。工期计划如下：

A厂总工期：79个月（6年零7个月），其中：施工准备工期（从进场到主体工程开工）18个月；发电工期（从主体工程开工到首台机组发电）49个月；建成工期（从主体工程开工到建成）61个月。

B厂总工期：81个月（6年零9个月），其中：施工准备工期（从进场到主体工程开工）19个月；发电工期（从主体工程开工到首台机组发电）49个月；建成工期（从主体工程开工到建成）62个月。按计划，在2003年4月开始进场实施工程的施工准备工作，并考虑A、B厂的施工衔接，按以上工期计划，该电站建设总进度计划横道图见图3–5。

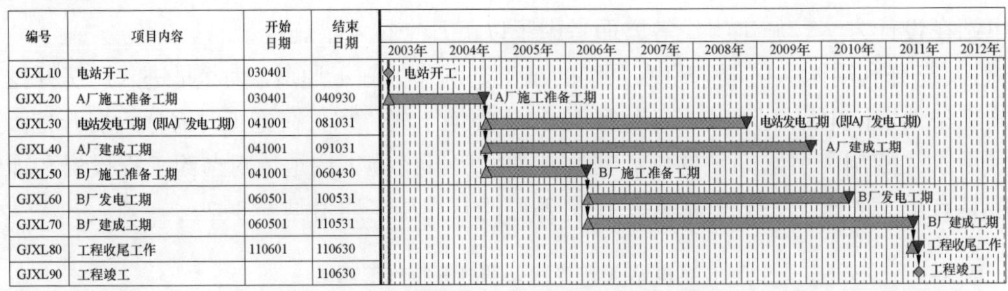

编号	项目内容	开始日期	结束日期
GJXL10	电站开工	030401	
GJXL20	A厂施工准备工期	030401	040930
GJXL30	电站发电工期（即A厂发电工期）	041001	081031
GJXL40	A厂建成工期	041001	091031
GJXL50	B厂施工准备工期	041001	060430
GJXL60	B厂发电工期	060501	100531
GJXL70	B厂建成工期	060501	110531
GJXL80	工程收尾工作	110601	110630
GJXL90	工程竣工		110630

图 3–5　某抽水蓄能电站建设总进度计划横道图

3. 进度控制措施

某抽水蓄能电站工程一方面工期长、工作面多、工序复杂；另一方面，标段多、施工单位多也是一个主要的特点。要做好该工程的进度控制，必须充分发挥好项目建设单位在进度控制中的主导地位；必须充分调动监理工程师和施工单位在进度控制中的积极作用；必须采用切实、可行、系统的措施进行进度控制。以下结合该工程建设特点，对工程进度控制措施进行探讨：

（1）信息化管理措施。对于大型水电工程，由于工序繁多、工期长，进度控制的信息量很大，并且一般分标段，由多个承包商同时施工。如果没有借助计算机和采用优秀的进度控制软件，要做到有效地控制和协调工程建设中项目建设单位招标和供货、多个承包商的施工、设计单位的供图，保证按时完成工程建设是十分困难的。因而某抽水蓄能电站土建施工的招标文件中明确规定，承包商必须使用 P3（primavera project planner）进度计划软件作为该工程施工的进度控制软件。

P3 进度计划软件一方面提供了工程计划网络的编制、控制、更新的平台；另一方面也将工程建设过程中的进度控制信息集约在一起，从而成为工程进度的信息管理系统，利于资料的查询、跟踪和存档。

（2）组织管理措施。进度控制管理，与工程的质量、投资密切相关。同时，工程进度计划的顺利实施，必须依靠项目建设单位、设计、监理、承包商等参建各方的共同努力。所以，在进度计划实施后，必须制定进度管理制度等组织措施，协调参建各方在进度方面的工作，定期对进度计划进行跟踪、分析、调整，才能对工程进度实施有效的管理，也才有可能按照计划工期完成工程的建设。

1）组织机构。对于抽水蓄能工程进度的有效管理与监控，必然要投入必要的人力和物力。为有效、有序地实施进度管理，协调参建各方的进度管理工作。在公司抽水蓄能电站项目建设中，由项目建设单位组织监理进行进度管理，主要具有以下职责：① 审查和评估承包商各时段的进度计划，检查承包商的施工人员、设备是否满足施工进度的需要；② 根据进度计划目标，审查设计单位的供图计划、物资材料的供应计划、承包商的人员和设备的配置计划等；③ 定期召开进度协调会，分析工程实际进展情况，协调和解决参建各方在进度管理方面出现的问题；④ 根据工程的实际进展情况，更新进度计划，并分析工程实际进展与计划的差异，实施对进度的监控。

2）组织制度。工程进度管理贯穿整个工程建设过程，是一项长期、系统的技术管理、协调工作，并且一般牵涉项目建设单位和承包商的重大利益，只有在合同约定的基础上，根据工程特点，制定切实、可行、系统的进度管理制度，才能有效地进行进度管理。进度管理制度一般必须包括以下几个方面的内容：① 进度计划信息化管理编码原则。现代工程进度管理，必须借助计算机软件，并且需要多个单位共同参与，所以制定统一的信息编码原则是至关重要的。如采用 P3 软件，需要制定统一的工作分解结构（work breakdown structure）代码、作业代码（activity ID）、作业分类码（activity codes）等代码的编制原则，才能够对工程中来自不同单位、不同部门的进度信息进行整合、分析、统计。② 工程进度跟踪、监控制度。包括进度例会制度、工程滚动进度计划的编制办法、进度计划的审查办法、实际工程进度的盘点和检查办法、进度计划定期更新和分析及与目标计划的比较办法、进度计划的调整办法等。③ 进度管理考核制度。进度管理是一项严肃、长期的管理工作，只有制定考核标准和办法，并采取一定的措施，才能有效地调动各单位进度管理人员的积极性。

思考与练习

1. 在工程建设管理中，进度管理采取的措施有哪些？具体是什么？
2. 进度计划的动态控制方法有哪些？
3. 在工程建设进度管理中，影响工程施工进度的因素有哪些？
4. 怎样编制一个单位工程的进度计划？

第四章 承包商管理

模块1 承包商管理概念（Ⅰ级）

模块描述 本模块主要介绍水电项目设计、监理、施工承包商管理的工作内容、流程和相关管理要求。

正 文

承包商管理是指项目业主，按国家法律、法规，行业规程、规范以及国网和新源公司工程技术和管理标准、制度和手册等要求，以合同约定为根据，对项目勘测设计、工程监理、建筑安装等承包单位进行计划、组织、监督、检查、考核评价等管理的过程。

一、工程勘测设计承包商管理

对工程勘测设计承包商（以下简称设计单位）的管理分招标设计和施工图设计两个阶段。项目建设单位相关部门，按照勘察设计合同和设计工作大纲要求，督促设计单位完成各阶段的工程勘察、设计工作。对勘测设计进度计划和供图计划、设计质量、设计技术及对设计单位的考核评价等方面的管理要求见本套教材相应章节所述。

在施工图设计阶段，现场设计承包商管理主要是对现场设计代表（以下简称设代）机构和人员的管理，管理要求如下：

（1）设计单位应按照设计合同或协议要求，在现场设置设计代表处（以下简称设代处）。设代处行政和技术负责人、机构和岗位设置、人员配置、管理体系等应满足设计合同要求，报项目建设单位审批、备案。

（2）设计单位应选派能胜任工作的设计人员到设代处承担设计代表工作，派驻前设计单位将《拟选派人员的相关资料》以函文形式提交项目建设单位。

（3）项目建设单位工程部对拟选派设代人员进行审核，形成《审核意见》。经项目建设单位分管领导批准后以文件形式发送设计单位。

（4）设计单位按审核意见确定《设代人员组成名单》并以文件形式提交项目建设单位和监理单位备案。

（5）设代撤离现场或有人员变动，应得到设计总工程师批准并得到项目建设单位工程部同意，工作交接应在现场进行。

（6）设代处负责人及主要专业技术负责人在其服务期间保证每月在施工现场工作时间满足合同要求（一般不少于 20 个工作日），在满足上述条件的前提下离开现场，需向监理和项目建设单位履行请假手续，批准后方可离开。

（7）项目建设单位工程部应对设代人员和车辆配备情况、深入现场情况、组织协调能力、解决问题的能力和工作态度进行监督检查，并将监督检查的结果反应到设计单位考核与评价管理工作中。

对设计单位的考核评价管理见本书第七章介绍。

二、工程建设监理承包商管理

项目建设单位依据监理合同约定，根据国家《建设工程监理规范》和电力行业《水电水利工程施工监理规范》，开展项目工程建设监理管理工作。

（一）监理组织机构、设备配置审批管理

（1）监理单位应按工程建设监理合同约定，编制现场监理部《部门设置和专业监理人员组成计划》，报送项目建设单位工程部审查、工程部主任审核，分管领导批准。

（2）监理单位应按工程建设监理合同文件规定，编制《监理现场设备、仪器、仪表登记表》，报送项目建设单位工程部，工程部各专业工程师审查确认并备案。

（二）工程监理规划、工程监理实施细则审批管理

（1）监理单位在合同规定时间内，依据《工程监理大纲》编制《工程监理规划》，报送项目建设单位工程部主任审核，分管领导批准。

（2）监理单位在合同规定时间内，依据《工程监理规划》编制《工程监理细则》，报送项目建设单位工程部各专业人员审核，主任批准后开展监理工作，并在合同规定时间内，填写《监理工作日志》。

（三）监理人员资格审查与准入管理

（1）监理单位依据项目建设单位批准的《部门设置和专业监理人员组成计划》，确定进场的工程监理人员，填写《工程监理进场人员审批表》，并附监理人员资格证书复印件，报项目建设单位工程部审查确认。

（2）实行监理人员考试准入制度。从事工程建设监理专业管理工作的监理工程师和监理员必须通过项目建设单位组织的专业考试，未参加考试或考试不合格者不得参与项目工程建设监理专业管理工作。

（3）新开工项目和在建项目新增监理工程师和监理员，项目建设单位必须组织其参加专业考试。

（4）监理单位从事专业管理工作的监理人员持证比例需满足合同约定。项目建设单位工程部对监理人员资格进行审查确认签字，报分管领导批准后，方可进入现场工作。

（四）监理意见处置管理

（1）工程监理人员对工程建设随时可能发生的各种需要处置的事情，应及时通过《工作联系单》汇报事件发生的实际情况，提出解决问题的《处置方案》，报项目建设单位工程部。

（2）项目建设单位工程部对《工作联系单》所叙述的事件进行事实确认，同意则组织实施，对有异议的《处置方案》，要求监理单位组织相应的专题会议进行讨论研究，确定《处置方案》后进行实施。涉及增加工程费用或者工程变更的《处置方案》需报项目建设单位分管领导审核，总经理批准后组织实施。

（五）监理考勤管理

（1）监理人员的考勤执行分级管理制度，专业监理工程师的考勤由总监理工程师（以下简称总监）负责，每月报工程部审查并备案；总监、副总监的考勤需经项目建设单位工程部主任审核，分管领导批准。

（2）总监及副总监出勤率应满足合同约定，如有特别情况需要请假的，必须事先写好《请假条》，安排相关人员接替后，报项目建设单位工程部审查，工程部主任审核，分管领导批准同意。

专业监理工程师每人出勤率必须满足合同要求，如有特殊情况需要请假的，必须事先写好《请假条》，安排相关人员接替后，经总监批准同意。

（3）项目建设单位有权按监理人员的缺勤天数扣除违约金，扣除标准按合同约定执行。扣除违约金应由项目建设单位工程部（物流中心）填写《监理人员出勤违约扣款单》，经分管领导审核，总经理批准后在当期计量支付时扣除。

（六）监理考核评价管理

详见本书第七章介绍。

三、施工承包商管理

施工承包商是指与项目法人签订施工承包合同的具有工程施工承包资质或专业承包资质的施工单位。施工承包商的主要责任和义务是按照合同约定进行工程安全、质量、进度和投资进行全过程管理，完成并向发包人移交合同约定工程建设的工作内容。

（一）承包商组织机构及管理体系建设

承包商进场后健全各级组织机构，建立健全组织体系和工作体系；识别并发布适用的工程管理有效制度；建立健全包括项目部经营管理班子、职能部门、作业队或作业工区、施工作业班组的安全管理体系、质量管理体系及技术管理体系，并确保四级管理体系有效运转；落实安全生产责任制，成立安全、质量管理委员会，健全各级管理台账。

承包商主要工作职责包括全面负责本合同工程的履行，是本合同工程施工安全、质量、技术、进度、环境保护和商务管理的第一责任人。

（二）施工承包商进场管理

1. 安全资质审查

（1）施工承包商在签订施工合同后、进驻施工现场前，应填写安全资质审查表，经监理单位审查，项目建设单位工程管理部门复审合格后，方可允许进入施工现场。

（2）安全资质审查的主要内容：是否持有地方工商行政管理部门核发的营业执照、经营范围；是否具有与所承包的工程相应的施工资质；是否具有地方政府、行业部门核发的安全资质证书；安全组织机构、安全管理网络、安全生产制度是否健全；施工技术人员资质、特种作业人员是否持有有效证件；施工装备、安全防护用具、个人防护用品情况；单位施工简历及近三年安全生产事故情况等。安全资质审查内容中，在投标文件中已审查过的部分将不再进行原件审查，只需填写审查表。

2. 进场申请及进场准备

（1）施工承包商在通过安全资质审查后提出进场申请上报监理单位。

（2）进场申请内容包括：施工项目部的组织机构、管理制度文件；首批进场人员、机具设备及分包情况；施工设备、机具维护、检修情况；施工平面布置、临时建筑情况等。

（3）监理单位收到进场申请 3 日内完成审查，填写审查意见上报项目建设单位工程管理部门。

（4）项目建设单位工程管理部门收到进场申请（含监理单位审核意见）5 日内完成审核，起草《关于×××施工单位进场申请的审查意见》，经分管领导批准后，发送监理单位。

（5）监理单位将《关于×××施工单位进场申请的审查意见》下发施工承包商，施工承包商组织首批人员、设备进场，带队人向监理单位报到，监理单位建立施工承包商进场人员登记表、设备台账，报送项目建设单位工程管理部门备案。

（6）根据《国家重点建设项目管理办法》《国家电网公司水电建设项目法人单位安全生产管理规定》，项目建设单位工程管理部门应组织监理单位对承包商安全监督机构的设置、技术及安全监督人员、特种作业人员的配备、劳务组织的状况等情况进行检查，对照工程开工条件，认真开展开工前各项施工准备工作。

3. 施工承包商主要施工设备进场、退场管理

（1）施工设备进场管理。施工设备进场前应具备的条件：施工机械必须有国家有关技术监督部门颁发的准用证，超过检验期或超过使用年限的施工机械严禁进入施工现场；设备应清洁、润滑，表面油漆完好，机械设备安全操作规程牌悬挂美观、规范、醒目，内容包括设备名称、检测人员、检测时间、检验期限等；起重机械应标明最大起重量，悬挂安全操作规程、安全准用证、机组人员名单、主要性能及润滑图表等。操作人员必须持有效资格证；施工设备进场前，施工承包商应向监理单位提交施工主要设备进场报验单，监理单位组织审查、检验设备情况后在施工主要设备进场报验单上签署意见。需复试、检测合格才能使用的设备，应在复试、检测合格后由监理单位签批；监理单位将签署意见后的施工主要设备进场报验单下发施工承包商，同时上报项目建设单位工程管理部门备案；施工承包商按照监理批复意见组织设备进场，监理单位实施过程监督并更新设备台账。

（2）施工设备退场管理。施工设备退场前，施工承包商应向监理单位提出施工设备退场申请；监理单位收到施工设备退场申请后根据施工承包商承包工程合同完成情况、施工现场的具体条件、工程整体验收结论等提出《施工承包商主要设备退场意见》，经总监理工程师批准后下发施工承包商，同时报项目建设单位工程管理部门备案；施工承包商按照监理批复意见组织施工设备退场，监理单位实施过程监督并更新设备台账。

（三）第一次工地会议

（1）第一次工地会议应在中标通知书发出后，监理单位发出正式开工通知前召开；第一次工地会议由项目建设单位工程管理部门召集监理单位、设计单位、施工单位主要管理人员参加，通报项目各方组织情况，明确监理工作程序及有关制度文件，检查承包商施工准备情况，检查开工准备工作情况，检查业主开工条件，以确定开工日期。

（2）项目建设单位工程管理部门应在开会之前 14 天，下发《关于召开第一次工地会议的通知》，将会议议程有关事项及应准备的内容通知监理单位和施工承包商，提请各方做好充分的准备。参会单位准备工作的内容有：

1）项目建设单位准备工作的内容包括：派驻工地的代表名单及业主的组织机构；工程永久占地、临时用地、临时道路、拆迁及其他与开工有关的条件；施工许可证、执照的办理情况；资金筹集情况；施工图纸、相关制度文件及其交底情况。

2）监理单位准备工作的内容包括：现场监理组织的机构框图及各专业监理工程师；监理人员名单及职责范围；监理工作的例行程序及有关表达说明。

3）设计单位准备工作的内容包括：派驻工地的代表名单及组织机构；图纸、设计文件及其他交底情况。

4）施工承包商准备工作的内容包括：施工项目部组织机构图表，参与工程的主要人员名单及各种技术工人和劳动力进场计划表；用于工程的材料、机械的来源及落实情况，供材计划清单；各种临时设施的准备情况，临时工程建设计划；试验室的建立或委托试验室的资质、地点等情况；工程保险的办理情况，有关已办手续的副本；现场的自然条件、图纸、水准基点及主要控制点的测量复核情况；为监理工程师提供的设备准备情况；施工组织总设计及施工进度计划；与开工有关的其他事项。

（四）施工承包商考勤管理

1. 主要负责人考勤

项目经理（承包人）是施工承包商驻工地的全权负责人，总工程师是该项目的技术负责人，按照合同约定，项目经理和项目技术负责人每人每月至少应在施工现场驻满 21 天；项目经理或项目技术负责人原则上应参加周生产协调例会和月、季度例会，特殊情况不能到场参加会议，应说明本人确在工地并提前请假说明原因，否则按照缺勤处理，并视为承包人违约行为，缺勤时间按该当事人最近一次参加工地例会时间起算。

2. 请假手续及批准权限

（1）项目经理和项目技术负责人在满足施工现场驻满 21 天的前提下，如其需离开现场超过 24h 以上，由本人提出请假申请，说明理由及请假期限。

（2）项目经理的请假申请经监理工程师书面核准同意后提交项目建设单位，项目建设单位工程管理部门主任审查、分管领导审核、总经理批准后方可离场。

（3）项目技术负责人的请假申请经监理工程师书面核准同意后提交项目建设单位，项目建设单位工程管理部门主任审查、分管领导或总工批准。

（4）按审批权限批准后的请假申请，交监理单位考勤员在项目经理、项目技术负责人考勤表上做出标示。不符合审批规定的假条，作为无效假条，视为承包人违约行为。

（5）请假人在假期结束返回施工现场，应及时向公司和监理单位销假，监理单位考勤员应及时在项目经理、项目技术负责人考勤表上注明销假时间，若假期满未归者或未及时销假的，按照缺勤处理，并视为承包人违约行为。

3. 考勤的有关规定

项目经理和项目技术负责人每人每月至少应严格按照合同相关规定在施工现场驻满21天，否则视为承包人违约，并应按合同相应条款承担违约金；在合同实施期间，未经项目建设单位书面批准，项目经理和项目技术负责人不得同时离开施工现场，否则视为承包人违约，并应按合同相应条款承担违约金；项目建设单位根据考核结果，依据合同规定从支付工程款中直接扣减违约金；以上考核结果由监理中心提出，项目建设单位工程管理部门审查、分管领导审核、总经理批准；项目建设单位工程管理部门应对项目经理和项目技术负责人组织协调能力、解决问题的能力和工作态度进行监督检查，并将监督检查的结果反映到工程施工承包商考核与评价中。

（五）施工承包商的履约评价管理

施工承包商考核评价按照《国网新源公司施工承包商考核评价应用管理手册》执行，详见本书第七章介绍。

思考与练习

1. 对施工承包商进场安全资质进行审查包括哪些内容？
2. 抽水蓄能电站工程建设第一次工地会议组织形式及准备工作包括哪些内容？
3. 简述施工承包商主要负责人请假手续及批准权限。

第五章 工程建设环保水保管理（Ⅰ级）

模块1 环保水保专业管理要求

模块描述 本模块介绍抽水蓄能电站工程建设环境保护、水土保持（简称环保水保）政策法规，工程建设过程中废污水处理、粉尘排放控制、噪声控制、固体废弃物处理、水土保持等环保水保措施和制度、规定。通过要点讲解，了解工程建设过程中的环保水保专业管理具体要求。

正 文

一、与建设项目环境保护管理相关的基本制度

（一）环境影响评价制度

依照《中华人民共和国环境影响评价法》第二条的规定，环境影响评价是指对规划和建设项目实施后可能造成的环境影响进行分析、预测和评估，提出预防或者减轻不良环境影响的对策和措施，进行跟踪监测的方法与制度。

环境影响评价制度是指有关环境影响评价的范围、内容、编制、审批环境影响报告书（表）、登记表的程序等一系列法律规定的总称。建设项目的环境影响报告书，必须对建设项目产生的污染和环境影响作出评价，规定防治措施，经项目主管部门预审并依照规定的程序报环境保护行政主管部门批准。

目前，环境影响报告书虽然不是核准的前置条件，但是抽水蓄能项目仍需要在开工建设前经有审批权限的环境保护行政部门审批通过环境影响报告书。

（二）“三同时”制度

要求对环境有影响的一切新建、改建、扩建的基本建设项目、技术改造项目、区域开发项目或自然资源开发项目，其防治污染和生态破坏的设施，必须与主体工程同时设计、同时施工、同时投产使用的法律规定。

《中华人民共和国环境保护法》第四十一条规定，建设项目中防止污染的设施必须与主体工程同时设计、同时施工、同时投产使用。防治污染的设施应当符合经批准的环境影响评价文件的要求，不得擅自拆除或者闲置。

（三）竣工验收制度

一切基本建设项目在正式投入生产或使用前，都必须对其配套建设的环境保护、水土保持设施进行验收。分期建设、分期投入生产或者使用的建设，可按项目分期进行环境保护验收和水土保持设施验收。

（四）突发环境事件信息报告与应急预案制度

突发环境事件是指突然发生，造成或者可能造成重大人员伤亡、重大财产损失和对全国或某一地区的经济和社会稳定、政治安定构成重大威胁和损害，有重大社会影响的危及公共安全的环境事件。其主要特征是发生的突然性、形式的多样性、危害的严重性、处理处置的艰巨性。

《中华人民共和国环境保护法》第四十七条规定，企业事业单位应当按照国家规定制定突发环境事件应急预案，报环境保护主管部门和有关部门备案。在发生或者可能发生突发环境事件时，企业事业单位应当立即采取措施处理，及时通报可能受到危害的单位和居民，并向环境保护主管部门和有关部门报告。

二、抽水蓄能电站工程主要的环境影响因素

抽水蓄能电站工程对环境的影响具有两面性，包括有利影响和不利影响、短期影响和长期影响、直接影响和间接影响等。

工程施工过程中对环境、水土流失可能产生的直接影响有：对施工区的地表植被形成破坏；工程开挖产生弃土、弃石，钻爆、施工机械的运行等将干扰施工区；施工活动产生的噪声和粉尘对施工区和周边区域的环境质量造成影响；砂石加工和混凝土拌和生产产生废水、办公生活区产生生活污水污染水体等。

当然，抽水蓄能电站工程建设也会对工程所在地的社会、经济环境产生积极影响，环境保护、水土流失防治措施可以减少对环境的不利影响，蓄水会对局部生态起到改善作用。

识别主要不利环境影响并实施相应的减免措施，使不利环境影响控制在可接受程度，是抽水蓄能电站工程环境影响评价、水土和环境保护工作的重点内容。主要环境影响可包括：

（1）工程建设与水库蓄水对水质的影响。

（2）施工活动的噪声和废气排放对工程区环境质量和环境敏感目标的影响。

（3）工程土石开挖及弃渣堆放对地形地貌、陆生生态及水土流失的影响。

（4）生活垃圾对环境和人群健康的影响。

（5）闸、坝等拦河建筑物切断河道上下游水体连通，阻隔水生生物的洄游通道和上下游水与生物的交换，对水生生物种群结构产生的影响。

（6）工程运行导致的水文情势变化，以及相应的对环境的影响。

（7）水库蓄水对局地气候的影响。

（8）泥沙淤积和河道冲刷引起的对环境的影响。

（9）水库水温结构改变对水生生物的影响。

（10）工程建设及运行对珍稀动物、植物的影响。

（11）水库淹没土地及移民安置对地区自然环境和社会环境的影响。

（12）工程建设对交通等基础设施的影响。

（13）工程建设对学校、居民区、自然保护区、风景名胜、文物古迹、疗养区，以及重要的政治、军事、文化设施等敏感目标的影响。

三、抽水蓄能电站工程施工期环保水保主要措施

施工期环保水保措施可分为污染控制措施、生态影响减免措施、水土保持措施和环境管理措施等。

（一）污染控制措施

1. 水环境保护

抽水蓄能电站工程施工期对水环境的影响主要来自于生产废水和生活污水。生产废水包括砂石料加工系统废水、混凝土拌和及冲洗养护废水、机修含油废水、洞室施工废水、基坑排水、施工车辆含油冲洗水等；生活污水为施工人员洗涤、冲厕等日常生活用水。

（1）砂石料加工系统废水。湿式砂石料加工系统生产1t砂石料约产生2m^3废水，污染物主要为悬浮物（SS），其含量通常达30 000～10 000mg/L，是重点处理因子。根据《水电工程施工组织设计规范》（DL/T 5397—2007），砂石加工、混凝土生产等废水应进行适当处理后回用于砂石料冲洗，悬浮物含量不应超过100mg/L。常采取混凝沉淀处理工艺，处理流程包括细沙回收、加药混凝沉淀、渣浆泵送压滤等。

（2）混凝土拌和及冲洗养护废水。来源于拌和场地冲洗、料罐冲洗，主要污染物为SS，并呈碱性，pH可达10～11。拌和废水为间歇式排放，排放强度不大，一般采取简易的中和沉淀法进行处理。

（3）机械修配含油废水。主要污染物为石油类有机污染物和SS，化学需氧量（COD_{cr}）值较高，主要产生于施工机械修配和养护场地。含油废水经处理后可回用于车辆冲洗。出水水质需满足《城市污水再生利用　城市杂用水水质》（GB/T 18920—2002）中车辆冲洗用水水质控制指标。含油废水的处理通常采用成套油水分离器。

（4）洞室施工废水。洞室施工废水主要由隧洞开挖废水和洞室渗水构成，隧洞开挖的用水主要包括机械（如手风钻等）用水、洞室开凿降尘用水和混凝土浇筑养护用水等，该部分水量往往比较固定，废水具有SS浓度高、水量小的特点。而洞室渗水则由于工程地质条件的不同而变化较大，是抽水蓄能工程中水处理的难点。洞室施工废水主要含SS，经处理后可回用于隧洞开挖生产用水。对洞室废水的处理通常采取絮凝沉淀。

（5）含大坝养护废水的基坑排水。主要由降水、渗水、混凝土浇筑及养护水、地下厂房开挖排水组成，SS、爆破施工残留的有机污染物和石油类为主要污染物。对基坑排水的处理通常采取投加絮凝剂，排水静置沉后抽排，剩余污泥定时人工清除等。

（6）生活污水。一般人均生活污水量约144L/（人·d），抽水蓄能电站工程施工期高峰人数约2000人，生活污水高峰产生量约为288m^3/d，特征污染物与城市生活污水相同，主要污染物为BOD_5、COD_{cr}、总磷、氨氮和悬浮物，其中COD_{cr}浓度约为400mg/L，BOD_5约为200mg/L。上、下水库区各营地的生活污水经处理后回用于绿化和洒水，出水水质

需满足《城市污水再生利用　城市杂用水水质》（GB/T 18920—2002）中城市绿化、道路清扫水质控制指标。生活污水处理工艺较成熟，可供选择的工艺方案也较多，应结合施工布置、污水量等特性进行工艺选取。对于生活区分散、污水排放强度小的情况，可采用成套污水处理设备。

常用的废污水处理技术见表5–1。

表5–1　　常用的废污水处理技术

废水来源	废水主要污染物指标	处理工艺
砂石料加工系统废水	悬浮物、pH等	沉淀法、压滤、DH高效（旋流）废水净化
基坑排水、洞室施工废水、混凝土拌和及冲洗养护废水	悬浮物、pH等	沉淀法、中和加药
机械修配含油废水	石油类物质、悬浮物等	油水分离器、隔油池、絮凝沉淀
生活污水	BOD_5、COD_{cr}、总磷、氨氮和悬浮物等	化粪池、成套生活污水处理设备、生化处理等

2. 大气环境保护

抽水蓄能施工期大气污染主要来自开挖、爆破废气、施工作业面粉尘、砂石料加工系统粉尘、机动车辆和施工机械排放的燃油尾气及施工交通道路扬尘等，主要污染物为TSP（总悬浮颗粒物，为空气中粒径小于100μm悬浮颗粒的总和）。施工区环境空气污染源分散，难以采取集中末端处理，环境空气保护措施主要从施工工艺、施工技术、施工设备、污染物消减、敏感目标保护等方面入手，消减环境空气污染物排放量，阻碍污染物扩散，以维护施工及影响区域环境空气质量。

（1）开挖、爆破粉尘、废气的削减与控制。工程爆破优先选择凿裂爆破、预裂爆破、光面爆破和缓冲爆破等技术，凿裂、钻孔、爆破尽量采用湿法作业，降低粉尘。爆破钻孔设备要选用带除尘器的钻机，爆破时应尽量采用草袋覆盖爆破面，减少粉尘的排放量。

爆破时均匀布孔，控制单耗、单孔药量和一次起爆药量，提高炸药能量利用率；根据岩性选择合适的炸药，尽量与岩石的波阻抗匹配；采用水炮泥堵塞，爆前喷雾洒水，在距工作面15～20m处安装除尘喷雾器。

隧洞、地下工程安装通风设施，开挖爆破时加强通风，在各工作面喷水和装捕尘器等，在出风口设置除尘袋。同时施工人员根据需要需佩戴防尘设施。

对开挖现场的多粉尘作业面、堆料场和中转堆存场，配备人员应定期洒水，在无雨多风日宜每隔2h洒水一次，可利用部分处理后的施工废水。

（2）砂石料加工系统、混凝土拌和系统粉尘削减与控制。砂石料加工系统车间采用湿法破碎的低尘工艺，生产过程中需加强喷雾设备的维护。车间设置集尘罩、排风道和引风机，对车间内的粉尘进行收集后，通过除尘器对粉尘进行过滤处理。做好料仓、成品砂仓的粉尘控制，夜间采用防水布对材料进行覆盖，减少扬尘产生。宜采用全封闭式混凝土搅拌系统，装卸过程要求文明作业，减少扬尘产生量。砂石料加工系统、混凝土加工系统及周边定时洒水降尘，在无雨天宜每隔 2h 洒水一次，可利用部分处理后的施工废水。

（3）施工机械燃油废气削减与控制。进场设备尾气排放必须符合环境保护标准。各机械注意保养维修，减少燃油废气的产生量。施工过程中对于发动机耗油多、效率低、排放尾气超标的老、旧车辆，应强制更新。

（4）道路扬尘的削减与控制。砂石料、土料和弃渣等容易洒落产生扬尘的材料，在运输时用防水布覆盖。配备施工场内交通道路清扫专业人员，保持道路清洁、平整。在无雨多风日宜 1 天洒水 4～5 次。做好运输车辆的密封和车辆保洁。在施工场地通往外面的出入口，设置洗车槽，运出的施工车辆都必须在洗车槽清洗后方可上路，避免施工车辆把尘土带出施工现场，洗车槽废水沉淀后用于施工区洒水抑尘。

（5）弃渣场、中转料场的削减与控制。弃渣场、堆料场、中转料场物料存放尽量平整，勤洒水，做好遮挡覆盖。

3. 施工噪声

施工噪声主要来源于钻孔、爆破，砂石料制备、混凝土拌和，坝体填筑、碾压，混凝土浇筑、钢结构制作安装及交通运输。其中噪声较大的有混凝土拌和系统、装载机、推土机、风钻等，如混凝土拌和产生的噪声可达 90～98dB（A），钻孔噪声为 96～104dB（A），爆破噪声为 130～140dB（A），均超过《建筑施工场界环境噪声排放标准》（GB 12523—2011）的规定。声环境评价标准见表 5–2。

表 5–2　　声环境评价标准　　dB

标准类别	标准名称	标准等级	指标
污染物排放标准	《建筑施工场界环境噪声排放标准》（GB 12523—2011）	—	昼间 70、夜间 55
	《工业企业厂界环境噪声排放标准》（GB 12348—2008）	1 类	昼间 55、夜间 45

施工噪声主要防治措施有：在施工总布置中，充分利用施工区的地形、地势等自然隔声屏障，将高噪声设备、设施布置在地势较低的区域，降低噪声对外传播；施工作业区与生活办公区之间应有一定距离，降低噪声对办公、生活的影响；在生活区及周边植树造林，或在周围设置隔声墙等。要求施工承包商必须选用符合国家有关环境保护标准的施工机械，从根本上降低噪声源强。加强施工期噪声管理，对噪声严重的机械设备，要求能封闭的封闭作业，不能封闭的建立隔声屏障，以控制噪声的传播途径，尽量减少噪声的影响。合理安排高噪声源的夜间作业，尽量减少夜间车流量。当施工区的噪声较大，超过听力保护的噪声标准时，施工人员必须配戴个人防声用具进行听力保护。

4. 固体废物

施工期固体废物可分为工程弃渣及生活垃圾两类。工程弃渣主要包括渣土、废石料、散落的砂浆和混凝土、钢管加工厂和钢筋加工厂产生的废金属、木材加工厂产生的废木材和木屑等。施工期参建人员产生的生活垃圾，按施工期每人每天生活垃圾产生量以1.0kg 计，施工高峰期平均人数按 2000 人计，施工高峰期日平均生活垃圾产生量可达2.75t。

对于工程弃渣，可集中运到专门的渣场管理。对于生活垃圾，可在办公、生活区建设防渗流动厕所，要求粪便及时清理；在施工区内设置专门的垃圾桶和收集站，要求生活垃圾集中堆放，委托专业人员定期运至市政生活垃圾填埋场进行集中处理。

5. 特殊污染物处置情况

抽水蓄能电站工程施工中的特殊污染物主要为油泥。针对隔油后收集的浮油和含油污泥等固体废物，在防雨、防晒、防风的条件下储存，委托有资质的单位进行处理。

6. 人群健康保护

施工区人员密集，各种病源微生物及虫媒动物活跃，可能发生传染性疾病和自然疫源性疾病的流行；饮用水源水质若不符合相应卫生标准和要求，可能导致疾病的产生和流行。

人群健康保护措施包括施工场地卫生清理、工作人员疫情监控、病媒防治、水源保护和卫生管理等。

7. 环境监测、水土保持监测

施工期环境监测的主要内容包括水环境监测、大气环境监测、声环境监测，主要监测污染源、区域环境质量和敏感目标环境质量。

水土保持监测目标包括工程建设区内新增水土流失的各部位，重点监测部位包括开挖及填筑面、渣场、料场、施工占地等。

通过委托有相应资质的单位开展施工期环境监测和水土保持监测，及时掌握施工区环境状况和环境保护措施的效果和合理性，为工程环境保护和水土保持工作提供基础资料，为改善工程区域生态环境提供依据。

（二）生态影响减免措施

生态环境保护主要分为陆生生态保护和水生生态保护。

1. 陆生生态保护

抽水蓄能电站工程建设对陆生生态的影响主要为各类施工活动对野生动植物的影响。

陆生生态保护应严格执行国家和地方生态保护法律法规和标准，结合政府生态建设规划，协调工程建设与生态环境保护的关系，保护生态多样性，实现生物资源的可持续利用。主要措施包括珍稀植物移栽，禁捕、禁猎、禁伐，减少施工噪声对动物的惊扰等。

2. 水生生态保护

抽水蓄能电站工程建设对水生生态的影响主要为改变水文条件及水生生物生长环境。

水生生态应重点保护具有生物多样性保护意义的鱼类和其他野生水生动物及其栖息地，保护水域生态系统的结构、功能和生态系统的多样性。水生生物保护的重点为受工程影响的珍稀、濒危和特有水生生物，特别是国家重点保护的水生生物种群，具有重要经济价值的鱼类产卵场、索饵场和洄游鱼类及洄游通道等。主要保护措施包括生态泄放用水保障措施、优化水库运行调度、建立人工增殖放流站、洄游鱼类过鱼设施建设等。

（三）水土保持措施

水土保持及生态恢复应遵循“预防为主、全面规划、综合防治、生态优先、突出重点、因地制宜、加强管理、注重效益”的原则，针对工程建设引起的水土流失、生态破坏，采取相应的水土保持措施。

在建项目明确施工用地范围，禁止进入非施工占地区域。限定料场开采范围，弃渣堆置于指定渣场并加以防护。施工结束后，恢复临时施工迹地植被，对永久道路两侧和电站管理区域进行绿化。

水土流失防治措施主要包括工程措施、植物措施和临时措施。在具体的防治措施布置上，应因地制宜、因害设防、分区分类布设水土流失防治措施，充分利用工程措施的控制性和有效性，同时发挥植物措施的后效性和长效性，植物措施与工程措施结合进行综合防治。

工程措施包括主体工程截排水沟、边坡框格梁防护，永久道路截排水沟、边沟、边坡拦挡、土地整治等；植物措施包括植物绿化、生态护坡、迹地植被恢复等；临时措施包括表土剥离，临时道路排水、沉沙、临时拦挡、临时绿化等。

水土保持中，渣场、料场的防护控制是重要关注点，必须预先对料场、渣场进行规划设计。渣场的位置选择应根据地形地质、降雨及产生汇流条件、施工运输便捷程度、占用土地资源类型和面积、水土流失防治难易程度等进行综合规划，主要原则有：就近堆放和集中堆放相结合，宜选择在坑凹、山谷沟道或荒滩地，不宜设置在集中居民点、基本农田保护区等设施上游或周边；弃渣总量超过 10 万 m^3 的弃渣场或周边有重要防护对象的弃渣场，在防护设计时要有专门的地质勘探。

料场、渣场必须坚持“先护后弃”的原则，做好料场、渣场边坡、拦渣、防洪、排水、堆料、扬尘控制等措施。土渣、石渣宜分区堆存，为后续利用创造条件。渣场较高时，要分层碾压，各层做好临时排洪设施，保证雨季排水畅通。边坡防护应平顺、整齐、坚固，弃渣结束后，应对弃渣场顶部平台、马道平台和坡面进行平整。结合周边地形地貌，做好永久防洪、截水、排水、排洪设施，确保渣场边坡稳定。为防止渣场、料场扬尘，施工期应进行渣面洒水和渣场道路洒水，渣场道路应设排水沟。在满足渣场整体稳定的前提下，对局部易造成坍塌、滑坡的渣体表面，可采取削坡开级、蓄水保土、开沟排水等综合治理措施。

（四）环境管理措施

抽水蓄能电站工程建设应建立环境保护管理体系，明确各环境管理机构的环境保护责任。建立环境保护责任制，将环境保护列入施工招标，在施工招标文件、承包合同中，明确污染防治设施与环境保护措施条款，由各施工承包单位负责组织实施，环境监理部门负责定期检查，将检查结果上报建设单位环境保护办公室或环境保护领导小组，并对检查中所发现的问题督促施工单位整改。

1. 监测和报告制度

环境监测是环境管理部门获取施工区环境质量信息的重要手段，是进行环境管理的主要依据。可委托具备相应监测资质的单位，对工程施工区及周围的环境质量按环境监控计划要求进行定期监测，并对监测成果实行月报、年报和定期编制环境质量报告书及年审的制度。同时，应根据环境质量监测成果，对环境保护措施进行相应调整，以确保环境质量符合国家所确定的标准和省、地市确定的功能区划要求。

2. 环境监理

根据环境保护要求，实施环境监理制度，以便对施工期各项环境保护措施的实施进度、质量及实施效果等进行监督控制，及时处理和解决可能出现的环境污染和生态破坏事件。

3. 制定对突发事故的处理措施

抽水蓄能项目基建期要建立环境污染事件应急处置工作机制。编制环境污染事件处置应急预案，按照环境保护行政管理部门要求备案，并组织开展环境污染事件应急演练，提高应对各种环境污染突发事件的能力。

工程施工期间，如发生污染事故及其他突发环境事件，除应立即采取补救措施外，施工单位还要及时通报可能受到影响的地区和居民，并报建设单位环境保护部门与地方环境保护行政主管部门，接受调查处理。同时，要调查事故原因、责任单位和责任人，对有关单位和个人给予行政或经济处罚，触犯国家有关法律者，移交司法部门处理，并防止以后类似事故的发生。

4. 报告制度

日常环境管理中所有要求、通报、整改通知及评议等，均采取书面文件或函件形式来往。施工承包商定期向工程建设环境保护管理办公室和环境监理部提交环境月报、半年及年报，涉及环境保护各项内容的实施执行情况及所发生问题的改正方案和处理结果、阶段性总结。环境监理部定期向工程建设环境保护管理办公室报告施工区环境保护状况和监理工作进展，提交监理月报、半年及年报。环境监测单位定期向工程建设环境保护管理办公室提交环境监测报告，环境保护管理办公室应委托有关技术单位对工程施工期进行环境评估，提出评估季报和年报。

5. 环境保护培训制度

为增强工程建设者（包括管理人员和施工人员）的环境保护意识，施工区环境保护管理办公室应经常采取宣传栏等方式对工程建设者进行环境保护宣传，提高环境保护意识。

思考与练习

1. 国家环境保护、水土保持管理制度对项目建设单位业主要求承担的责任主要是什么？

2. 抽水蓄能电站主要的环境影响因素有哪些类别？

3. 抽水蓄能电站建设中环境保护、水土保持措施有哪些？

模块2　环保水保监理、监测

模块描述　本模块介绍环保水保监测、监理管理要求，通过要点讲解和实例讲解，掌握环保水保监测、监理管理等工作要求。

正　文

一、概述

按照行政主管部门要求，抽水蓄能电站工程建设一般需要开展环境监理、水土保持监理、环境监测、水土保持监测。

（1）环境监理。为了加强环境保护，项目单位根据环境保护行政主管部门要求，委托具有一定资质的单位，承担施工过程中的环境监督管理工作，并协助业主定期与环境保护行政主管部门进行环境信息汇报，协助环境竣工验收工作。

（2）水土保持监理。为了加强水土保持工作，项目单位根据水土保持行政主管部门要求，委托有资质的单位，承担施工过程中的水土保持监理工作，并协助业主定期与水土保持行政主管部门进行信息汇报沟通，协助水土保持设施验收工作。

（3）环境监测。指委托具有资质的环境监测机构依法定权限和程序，对施工区和工程施工影响区的污染物排放状况进行采样监测的活动，监测数据作为监理单位、施工承包商环境保护工作的依据。

（4）水土保持监测。指委托具有资质的水土保持监测机构依法定权限和程序，对施工区和工程施工影响区的水土保持状况进行采样监测的活动，监测数据作为监理单位、施工承包商水土保持工作的依据。

二、委托方式

抽水蓄能电站工程建设期环境监理、水土保持监理、环境监测、水土保持监测于项目核准开工后开展工作。

环境监理、水土保持监理单位可与工程监理单位分开设立（见图5–1）；也可将环境监理、水土保持监理单位与工程监理单位合并委托，工程监理单位服务内容包含环境监理和水土保持监理（见图5–2）。

三、机构设置

根据工程规模和施工规划，施工期环境监理部门可设环境监理项目总监1名、环境监理技术人员至少3名，其中两名环境监理工程师，一名环境监理员。环境监理人员常驻工地，对施工区环境保护工作进行动态管理。监理方式以现场监督管理为主，并随时检查各项环境监测数据，发现问题后，立即要求承包商限期治理，并以公文函件确认。对于限期处理的环境问题，按期进行检查验收，将检查结果形成纪要下发施工承包商。

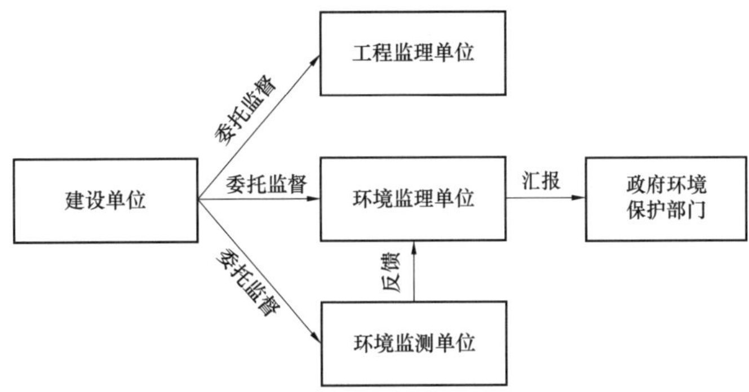

图 5–1　环境监理单位与工程监理单位模式

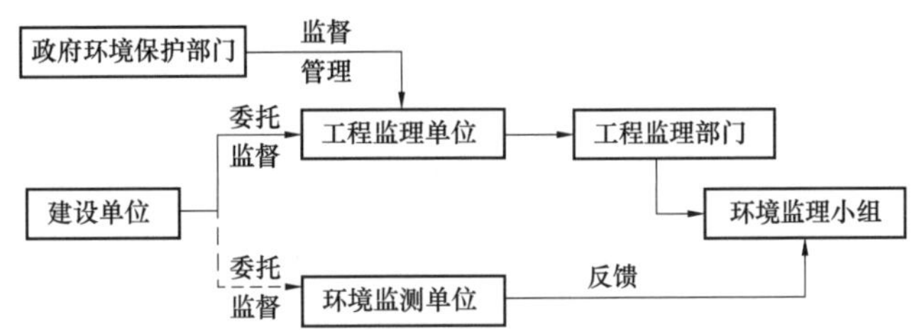

图 5–2　工程监理单位包含环境监理单位的模式

四、工作范围及职责

抽水蓄能环境监理的工作范围包括上水库施工区、下水库施工区、弃渣场及所有因工程建设可能造成环境污染和生态破坏的区域。

环境监理的主要职责为：

（1）依照国家环境保护法律、法规及标准要求，以经过审批的工程环境影响报告书、环境保护设计及施工合同中环境保护相关条款为依据，监督、检查施工承包商或环境保护措施实施单位对施工区环境保护措施的实施进度、质量及效果。

（2）指导、检查、督促各施工承包商环境保护机构的设立和正常运行。

（3）根据实际情况，就施工承包商提出的施工组织设计、施工技术方案和施工进度计划提出清洁生产等环境保护方面的改进意见，以保证方案满足环境保护要求。

（4）审查施工承包商提出的环境保护措施的工艺流程、施工方法、设备清单及各项环境保护指标。

（5）加强现场监控，重点监督检查生产废水、生活污水收集和处理系统的施工质量、运行情况。对在监理过程中发现的环境问题，以书面形式通知责任单位进行限期处理改进。

（6）对施工承包商施工过程及施工结束后的现场，依据环境保护要求进行检查和质量评定。

（7）协助开展环境保护专项验收。

五、监理工作制度

环境监理工程师每天根据工作情况作出监理记录；每月编制环境监理月报，每半年编制一份环境保护工作总结报告，进行阶段性总结。环境监理报告主要内容包括：

（1）各施工项目概述与其环境保护措施概述，包括监理单位与施工承包商环境保护体系建设、人员到位情况、环境保护工作开展情况及状况评述。

（2）环境保护措施的执行情况，对各施工项目的措施执行情况分析评价。

（3）环境监理工作情况、资源投入情况、人员配备情况等。

（4）环境监理报告的辅助资料，如环境保护工作大事记、旁站记录、见证记录、巡查记录及相关影像资料。

（5）存在的问题及建议。

【案例 5–1】金沙江 A 电站工程施工期环境监理管理

一、项目概况

A 电站位于金沙江峡谷，是一座以发电为主，兼有防洪、拦沙和改善库区及下游江段航运条件等综合利用效益的特大型水利水电工程。

A 电站工程施工区主要包括大坝，泄洪消能建筑物，引水发电建筑物施工区，导流洞和上、下游围堰，砂石骨料加工系统，混凝土加工系统，机械修配系统，生活供水系统，生产供水系统，供风站，施工生活区，场内公路，渣场、料场等。此外，工程还配套建设了对外交通公路。

二、工程主要的环境保护和水土保持措施项目

根据批复的 A 电站工程环境影响报告书和水土保持方案报告书及以上报告书的批复意见，工程施工区主要环境保护和水土保持措施如下：

1. 对外交通道路环境保护措施

该措施包括对外交通道路水土保持工程措施修建、对外交通道路污染控制、对外交通道路水土保持植被措施建设等。

2. 生活供水保护措施

该措施包括水源地保护、供水系统管理和供水水质监测。

3. 施工区水环境保护措施

（1）砂石骨料生产废水处理：配套的 4 套生产废水处理设施的建设和运行。

（2）混凝土拌和系统生产废水处理：配套的 5 套拌和生产废水处理设施的建设及运行。

（3）机械修配废水处理：3 个机修系统的含油废水处理设修建及运行。

（4）生活污水处理：包括 4 个生活污水处理厂的修建及运行。

4. 环境空气和噪声环境保护措施

该措施包括各工区降尘、降噪措施实施及设施运行。

5. 生活垃圾处理措施

该措施包括生活垃圾填埋场建设及运行。

6. 人群健康保护措施

该措施包括施工生活区旧址清理和消毒，生活区传播媒介杀灭，公共卫生设施建设，

餐饮场所卫生清理和人员健康检查，公共环境卫生清洁，施工人员进场前卫生检疫、预防免疫、疫情控制等。

7. 水土保持措施

该措施包括场内道路行道树栽植，施工生活区水土保持工程和植物措施建设，渣场水土保持工程和植物措施建设，其他施工区水土保持措施建设及营地绿化等。

8. 环境监测

环境监测包括生活污水、施工废水、环境空气、噪声及水土保持监测等。

三、环境保护与水土保持项目组成

A 电站工程环境监理工作主要包括 3 个方面的内容，即分 3 类项目进行环境监理（具体见表 5–3～表 5–5）。

表 5–3　　A 电站工程第一类环境保护项目

序号	工　程　项　目	序号	工　程　项　目
1	对外交通道路水土保持工程措施修建	6	导流洞、厂房进水口工程水土保持措施
2	对外交通道路污染控制	7	坝肩开挖工程水土保持措施
3	砂石加工系统废水处理设施修建	8	地下厂房及泄洪洞工程水土保持措施
4	混凝土系统生产废水处理设施修建	9	施工区截排水工程
5	机械修配系统生产废水处理设施修建	10	场内交通工程环境保护措施项目

表 5–4　　A 电站工程第二类环境保护项目

序号	工　程　项　目	序号	工　程　项　目
1	生活污水处理设施的建设及设备安装	2.3	施工区生活营地绿化建设
2	施工区生态恢复	2.4	施工区生产场地绿化建设
2.1	场内公路水土保持行道树及绿化建设	2.5	对外交通道路水土保持植物措施修建
2.2	场内环境保护绿化带建设	2.6	渣场生态恢复

表 5–5　　A 电站工程第三类环境保护项目

序号	工　程　项　目	序号	工　程　项　目
1	生活供水水源地保护	10	施工区降尘设施运行
2	供水系统运行	11	降噪措施实施
3	施工生活区旧址清理和消毒	12	生产废水处理设施运行效果监理
4	生活区传播媒介杀灭	13	环境监测
5	公共卫生设施建设	13.1	生活水源水质监测
6	餐饮场所卫生清理和人员健康检查	13.2	地表水监测
7	施工区环境卫生	13.3	施工废水监测
8	施工人员卫生检疫	13.4	生活污水监测
9	垃圾填埋场运行维护	13.5	环境空气监测

续表

序号	工程项目	序号	工程项目
13.6	噪声监测	17	对内、对外关系协调
13.7	人群健康监测	18	施工区及对外交通工程区环境保护信息管理
14	水土保持监测	19	环境保护宣传培训
14.1	封闭管理区水土保持监测	20	砂石骨料生产废水处理设施运行
14.2	对外交通工程区水土保持监测	21	混凝土系统生产废水处理设施运行
15	应急监测	22	机械修配系统生产废水处理设施运行
16	对参建各方环境行为规范化管理	23	生活区生活污水处理设备运行

（1）第一类项目，即与土建工程一并发包的环境保护、水土保持措施和环境保护、水土保持专项设施项目。项目招标前，环境监理单位应审核招标文件中环境保护、水土保持的相关条款；此类项目实施过程中，环境监理单位应协助工程监理单位，要求施工单位严格按照设计要求实施各项环境保护与水土保持措施；参加项目的阶段验收和竣工验收及各项环境保护与水土保持措施实施过程中的资料管理工作。

（2）第二类项目，环境监理单位可承担部分环境保护与水土保持专项设施建设项目的监理工作。土建及机电安装工程量较大的专项工程，由工程监理单位承担施工环境监理工作。环境监理单位应参与此类项目的招标工作，在项目施工过程中，对业主指定由环境监理单位承担工程监理单位的合同工程项目进行全面监理。

（3）第三类项目，环境保护、水土保持专项设施的运行维护、排污费核定、环境保护与水土保持监测管理、施工区环境管理等综合管理工作。环境监理单位应对环境保护与水土保持专项设施进行巡视检查，检验其运行效果，并对存在的问题提出处理意见，督促运行管理单位加强对专项设施的维护，确保各项设施正常发挥其工程；按相关标准核定排污费，填报排污及治理情况，并报送业主；审核环境保护与水土保持监测单位的资质，参与监测方案的审核及调整工作，并对监测成果的真实性、可靠性进行审核。

四、环境管理体系

结合该工程环境保护与水土保持工作特点、管理要求，以及项目单位自身的机构设置和人员配备等情况，该工程采用了环境监理单位与业主环境管理机构人力资源共享，按不同的工作对象和工作内容确定两者的工作职责，并在此基础上建立了业主单位统一组织、参建单位分工负责的分级环境保护管理体系，体系由决策层、协调管理层、监理管理层和实施层组成。体系内各单位的职责在相关合同及业主制定的《A 工程施工区环境保护管理办法》等规章制度中予以明确。与此同时，该工程全方位、全过程主动接受各级环境保护行政主管部门的监督检查和指导，具体内容见图 5–3。

五、环境保护管理职责划分

按照环境保护与水土保持项目分类结果，分别确定相应监理单位和管理机构的职责。

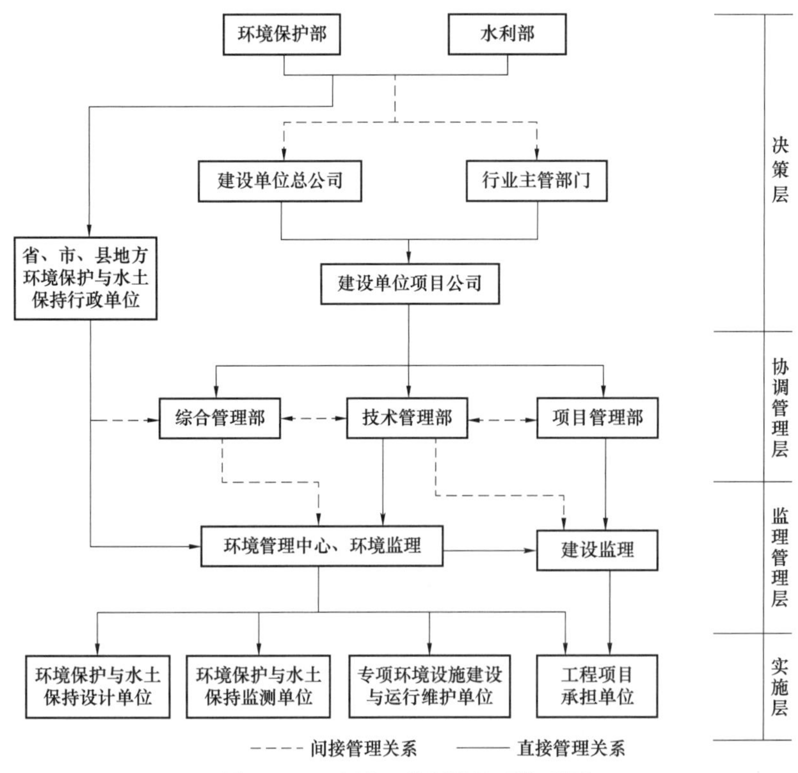

图 5–3　A 电站工程环境管理体系图

（一）第一类项目

项目实施过程中的环境保护与水土保持措施项目，其监理责任主体为建设监理。环境监理和环境管理中心承担监督管理的责任。

环境监理应参加招标文件的审核、投标文件的审查等，招标投标文件包括施工标和监理标。

此类项目实施过程中，以环境监理或环境管理中心的身份审查土建（或机电）承包商报送的施工组织设计、施工工艺等涉及环境保护与水土保持的内容，协助、指导土建（或机电）建设监理，要求施工单位严格按照设计要求、已审核施工方案实施各项目水土保持与环境保护措施。

环境监理参加项目的阶段验收和竣工验收，以及各项目水土保持与环境保护措施实施过程中的资料收集、积累及相关工作。

（二）第二类项目

可由环境监理独立进行监理。环境监理应参与此类项目的招标工作，在项目施工过程中，对合同工程项目进行全面监理。

（三）第三类项目

组织运行管理单位制定运行管理制度，制备运行报表，督促环境保护与水土保持专项设施的运行维护。由环境监理承担监管责任。

环境监理应对专项设施进行巡视检查，检验其运行效果，并对存在的问题提出处理意见，督促运行管理单位加强对专项设施的维护，确保各项设施正常发挥其功能，形成完善的运行管理资料库。

环境保护综合管理类项目，由环境监理承担监管责任，就工程建设环境保护与水土保持事务代表或协助甲方与政府相关主管部门沟通、协调及办理相关手续，并代表甲方承担对各承包商或参建单位水土保持事务的管理职责。

六、A 水电站工程施工期环境保护和水土保持管理办法

在建立了管理体系之后，配套形成了相应的管理制度。

思考与练习

1. 环境监理、水土保持监理与工程监理的区别？
2. 环境监理不同招标模式的优缺点是什么？

模块 3　环保水保保障措施管理

模块描述　本模块介绍环保水保监督检查、组织协调、宣传和考核等工作的内容和要求，通过要点讲解，掌握环保水保保障措施管理要求，能够开展监督检查工作并提出考核建议，能够通过环保水保专项验收。

正　文

环境保护工作涉及规划、设计、建设施工、生产运行等各个环节，是一项全方位、全过程、综合性的工作。项目建设单位担负工程环境保护管理主体责任，包括环境保护与水土保持筹备计划、招标计划、施工组织、环境监测与水土保持监测、环境监理、竣工验收等各环节的组织实施与监督管理。

一、项目前期筹备阶段主要工作

（一）环境影响评价报告和水土保持方案报告

在项目开工前，项目建设单位根据《建设项目环境影响评价资质管理办法》等相关要求，委托具有相应资质的单位编制建设项目环境影响报告书，并报送有审批权限的环境保护行政主管部门审批。按照《环境影响评价法》的规定，环境影响评价审批不再作为项目核准的前置条件，改为在开工建设前必须完成。但考虑项目开工准备时间紧、任务繁重等原因，一般仍在可行性研究阶段完成环评和水土保持方案的报批。

建设项目的环境影响报告书经批准后，建设项目的性质、规模、地点、采用的生产工艺或者防治污染、防止生态破坏的措施发生重大变动，或超过 5 年未开工建设的，项目建设单位应向原审批的环境保护行政主管部门重新报批（核）建设项目的环境影响报告书。

经环境保护行政主管部门审查批准后的《环境影响报告书》《水土保持方案报告书》及其两者的批复文件是工程建设环境保护、水土保持的重要指导性文件，用于指导整个建设工程的环境保护、水土保持管理工作。

根据《环境影响评价法》和《建设项目环保管理条例》的要求，环境影响报告书应包括以下主要内容：

（1）建设项目概况。

（2）建设项目周围环境现状。

（3）建设项目对环境可能造成影响的分析、预测和评估。

（4）建设项目环境保护措施及其技术、经济论证。

（5）建设项目对环境影响的经济损益分析。

（6）对建设项目实施环境监测的建议。

（7）环境影响评价的结论。

根据《开发建设项目水土保持方案编报审批管理规定》所规定的内容和建设项目可行性研究报告，编制水土保持方案报告书。水土保持方案报告书应包括以下主要内容：

（1）建设项目区责任范围及其周边环境概况。

（2）项目区水土流失及水土保持现状。

（3）生产建设中排放废弃固体物的数量和可能造成的水土流失及其危害。

（4）水土流失防治初选方案。

（5）水土保持投资估算。

（二）可行性研究

项目建设单位应在建设项目可行性研究阶段贯彻落实国家环境保护、水土保持相关政策，在可行性研究报告中编制环境保护、水土保持篇章，落实环境保护和水土保持投资估算。

项目建设单位需要注意的是，建设项目环境保护、水土保持所需资金，包括环境影响评价、竣工环境保护验收及水土保持工作等相关费用，应按国家有关规定在工程概算中足额、单独列支，不得以任何理由取消或挪用。

二、招标设计阶段主要工作

在招标设计阶段，项目建设单位组织设计单位，按照相关法律法规、工程建设强制性标准、公司相关管理办法的要求，进行环境保护设施、水土保持设施的设计，开展《环境保护设计标准与方案设计专题报告》《水土保持设计标准与方案设计专题报告》的编制工作，落实环境影响报告书、水土保持方案报告书及批复文件的要求和相关投资概算，做到“三同时”。

环境保护方案设计重点关注施工期的污水处理问题。根据抽水蓄能电站工程建设的特点，重点处理砂石料加工废水、混凝土拌和废水、洞室开挖排水等，选取适宜的处理措施，满足处理水回用要求。在水土保持设计等相关专题设计中，业主应重点关注：结合施工组织设计，对各施工区域的土石方开挖和填筑进行合理调配，整个工程弃渣量计算应精细化，计算应以可靠的测量与地质勘察成果为依据；渣场位置比选，要充分论证渣场设置对下游居民生活，尤其在暴雨、山洪等特殊条件时的影响，提出渣场挡护、排水、边坡设计方案，在施工图设计阶段，由设计单位对各渣场提供施工详图，包括挡墙、排水、边坡设计等；水土保持植物措施所需表土用量要准确，规划好表土转运、堆存方案；综合考虑生态、景观、水土保持等各项需要，合理确定各分区植被建设目标，避免重复建设；植物措施是否与当地情况相适应，应考虑南北方差异，采用当地易养护的植物。

在招标设计阶段，根据环境影响评价报告、水土保持方案报告的批复意见，以及当地行政主管部门对环境保护、水土保持资质等方面的要求，引进满足资质要求的环境监理、水土保持监理、环境监测、水土保持监测。

项目建设单位在设备采购、施工、监理等招标文件中要有明确的环境保护条款，全面落实设计文件中提出的各项环境保护措施，做到招标文件不漏项。

三、工程施工阶段

项目建设单位工程部是环境保护和水土保持的实施管理部门，需要组织督促施工单位按合同要求实施施工过程中环境保护和水土保持项目。

工程监理单位或环境监理单位、水土保持监理单位是施工合同工程中环境保护和水土保持实施的直接监督管理单位。监理单位应建立环境保护和水土保持管理细则，配备相应的专（兼）职环境保护和水土保持监理人员。其职责如下：

（1）负责监理施工合同中有关环境保护和水土保持项目，并根据招标文件环境保护和水土保持条款及相关管理办法，编制相应合同项目的环境保护和水土保持监理实施细则。

（2）对环境保护和水土保持设施的建设质量、进度和投资等进行有效控制，对环境保护和水土保持设施的运行情况进行定期监督检查。

（3）审核环境保护设施的设计方案；监督环境保护设施的运行状况。

（4）审查施工单位报送的环境保护和水土保持管理计划、环境保护工作报告。

（5）按规定时间、格式向项目单位和政府报送环境保护、水土保持报告及相关资料，对工程环境保护工作信息、资料（包括文字和声像等资料）进行归档。

（6）参与工程竣工环境保护和水土保持验收工作。

（7）组织、协助合同项目环境保护和水土保持专题验收工作。

工程施工单位是工程环境保护和水土保持项目的实施责任单位，须建立有效的环境保护和水土保持制度，按设计文件和合同约定实施环境保护和水土保持项目。

环境监测、水土监测单位须建立质量保证体系，保证监测取样、点位、样品保存、运输等环节的可靠，保证监测成果、监测报告的完整性、可靠性。

环境保护设备和设施投入使用后，需做好日常维护。制定维护检修计划，合理安排资金投入，确保其正常投入使用，发挥防护作用。环境保护设备和设施可以按照水工、电气进行分类，与电站其他同类设备设施一同展开维护和检修，也可以单独维修，同时做好相关台账记录。

环境监理单位应当协助业主制定施工期环境污染事件处置应急预案；可能出现环境污染的施工单位应当有预见性，并制定环境污染事件的预防和处理预案，报环境监理单位审查。一旦发生环境污染事件，施工单位立即启动应急预案，及时向监理、项目建设单位通报事故发生的时间、地点、污染现状等情况。

四、项目验收

环境保护和水土保持验收包括合同项目完工验收、工程蓄水阶段环境保护验收、竣工环境保护验收和水土保持工程设施验收。

（一）合同项目完工验收

合同项目全部完成后，施工单位应提交环境保护和水土保持的完工验收资料，经监理单位报项目建设单位批准后进行合同项目的完工验收。环境监理单位审查环境保护和水土保持的完工验收资料，参加合同项目完工验收。施工单位应提交的验收资料包括验收清单、专项设施竣工图、外购设备和材料的质量证明书、使用说明书或检验报告、环境保护工艺评审报告、质量检查记录、监测报告、专项工程运行台账等。

（二）工程蓄水阶段环境保护验收

工程蓄水阶段环境保护验收是蓄水验收的前置条件。其基本流程是：

（1）项目建设单位根据工程进展，整理项目单位工程初期蓄水及运行环境保护调度方案、库区清理环境保护方案及施工期环境监测报告、环境监理报告，其数据要满足地表水环境质量标准，以及要求的其他材料。

（2）组织环境影响评价单位、设计单位、环境监测、环境监理等单位参加工程蓄水阶段环境保护验收，并形成《××电站工程施工蓄水阶段环境保护验收报告》。

（三）竣工环境保护和水土保持工程验收

项目投产前，具备竣工环境保护和水土保持工程验收条件后，项目建设单位按照环境保护和水土保持验收程序进行验收。

项目单位或者委托的技术机构应当依照国家有关法律法规、建设项目竣工环境保护验收技术规范、建设项目环境影响报告书和审批决定等要求，编制竣工环境保护验收报告和水土保持验收报告。

验收报告编制完成后，项目单位组织成立验收工作组。验收工作组由项目单位、设计单位、施工单位、环境影响报告书编制机构、验收报告编制机构等单位代表和专业技术专家组成。项目单位须公开验收报告、验收意见。

（四）环境保护验收现场检查审查要点

1. 工程建设情况

核查工程开发任务、地点、内容、规模、布置形式、开发方式、坝型结构、特征水位及库容等与环评文件及批复的一致性。

2. 环境保护措施落实情况

（1）“三通一平”阶段环境保护验收。

1）陆生生态。工程施工建设扰动地表植被的恢复情况，施工涉及的珍稀、濒危和特有植物、古大树移栽情况。

2）水生生态。鱼类增殖放流站建设、鱼类栖息地保护等措施落实情况。

3）水环境。混凝土拌和废水、砂石料加工系统废水、含油废水、生活污水等处理设施的建设和运行情况。

4）声环境、环境空气。对环境敏感点提出的噪声、环境空气防护措施落实情况，爆破振动的防护措施落实情况。

（2）初期蓄水阶段环境保护验收。

1）水环境。库底清理涉及的污染企业搬迁、危险废物处置等落实情况。初期蓄水的临时泄放设施、生态流量永久泄放设施和下泄生态流量的自动测报、自动传输、储存系统的建设情况。涉及低温水的水库，应关注分层取水设施的建设情况。涉及地下水的水库，应关注对地下水水位、水质和水量的影响及所采取的保护措施落实情况。涉及气体过饱和影响的水库，应关注减缓气体过饱和影响的措施落实情况。蓄水过程、水库调度运行方式对下游敏感保护目标用水的保障情况。

2）水生生态。鱼类增殖放流站建设及其管理和运行情况、过鱼设施的建设情况，栖息地、人工鱼巢等保护措施的落实情况。

3）陆生生态。珍稀、濒危和有保护价值的陆生动物的迁徙通道或人工替代生境等保护和管护措施落实情况。珍稀、濒危和特有植物、古大树的防护、移栽情况。

（3）工程竣工环境保护验收。

1）水环境。生态流量永久泄放措施和下泄生态流量的自动测报、自动传输、储存系统的运行情况。分层取水措施及生活污水处理措施等其他措施运行情况。业主营地生活污水处理设施建设及运行情况。

2）水生生态。鱼类增殖放流站增殖放流的效果及中远期增殖放流鱼类研究进展，过鱼设施过鱼效果、栖息地、人工鱼巢等水生保护措施实施情况及效果。

3）陆生生态。工程施工和移民安置中的取土弃渣、设施建设扰动地表植被的恢复情况。珍稀、濒危陆生动物和有保护价值的陆生动物的迁徙通道或建立人工替代生境等保护和管护措施实施效果。珍稀、濒危和特有植物、古大树的防护、移栽、引种繁育栽培、种子库保存、建设珍稀植物园及其管理等措施落实情况。

4）移民安置。移民安置区水环境保护、垃圾处理等措施落实及运行情况。

5）环境风险防范。环境风险防范设施、环境应急装备、物资配置情况，突发环境事件应急预案编制、备案和演练情况。

（五）水土保持设施竣工验收技术报告编制提纲

一、简要说明

有关水土保持方案实施情况说明。

二、防治责任范围

（1）批复的水土流失防治责任范围与实际发生的责任范围对比，调整变化的原因。

（2）扰动土地的治理面积、治理率。

三、工程设计

水土保持方案确定的水土保持措施，在设计报告中的设计要点，重大设计变更。

四、施工

（1）工程量及进度。各项防治工程完成的数量、实施时间，与批准的方案实施时间、工程量比较，并分析其原因。

（2）施工质量管理。施工单位质量保证体系，建设单位和监理单位的质量控制体系，施工事故及其处理。

（3）工程建设大事。包括有关批文、较大的设计变更、有关合同协议、重要会议等。

（4）价款结算。批准的工程量及其投资，施工合同价与实际结算价对比，分析增减的原因。

五、工程质量

（1）项目划分。水土保持工程的单位工程、分部工程、单元工程划分情况。

（2）质量检验。监理工程师、质量监督机构的质量检验方法，检验结果。

（3）质量评定。初步验收确定的各单位工程的质量等级，对整体水土保持工程质量评价。

六、工程初期运行及成效评价

1. 工程运行情况

各项水土保持工程建成运行后，其安全稳定性、暴雨后的完好情况，工程维修、植物补植情况。

2. 工程效益

（1）水土流失治理。工程试运行期间控制水土流失面积，治理水土流失面积及治理程度，项目区水土流失强度变化值。废弃土、石、渣的拦挡量、拦渣率，各类开挖面、拆除后的施工营地的平整、护砌量，植被恢复数量。

（2）植被变化。建设前、施工期间、竣工后林草植被面积，植被恢复指数。

（3）土地整治及生产条件恢复。土地整治率，施工临时占用耕地的恢复数量，土地生产力恢复能力。

（4）水土流失监测。根据水土流失专项监测报告，提出施工期间、工程运行后水土流失量，是否达到国家规定的限值。对水系、下游河道径流泥沙影响，水土流失危害情况变化。

（5）综合评价。主体工程建设对水土流失及生态环境的实际影响范围、程度、时间，水土保持工程的控制效果，防治成效。

七、附件及有关资料

（1）工程竣工后水土流失防治责任范围图。

（2）水土保持工程设计文件、资料。

（3）水土保持工程施工合同、验收报告。

（4）工程质量等级评定报告。

（5）水土流失专项监测报告。

（6）水土保持设施竣工验收图。

（7）水土保持工程实施过程中的影像资料。

基建项目不同阶段环境保护、水土保持工作的主要要求是什么？

参 考 文 献

[1] 中国水电工程顾问集团公司. 水电水利工程环境监理工作指南. 北京：中国水利水电出版社，2011.
[2] 中国电力建设企业协会. 电力建设低碳技术. 北京：中国电力出版社，2010.

第六章　工程建设档案管理

模块1　工程建设项目文件归档要求（Ⅰ级）

模块描述　本模块介绍抽水蓄能电站工程建设项目文件归档的工作内容和管理要求，通过要点讲解，使员工熟知工程项目档案管理组织体系及工程建设项目文件的收集工作的内容，能够开展工程建设项目文件的收集工作。

正　文

一、工程项目档案基本要求

（一）工程建设项目档案的特点

1. 成套性

工程建设项目的档案是有机联系的整体，成套性是工程项目档案最突出的特点，形成于整个项目建设的全过程，反映了建设项目提出、可行性评估、审批、勘察、设计、招标、施工、质检、监理、竣工、投产等专业领域的内容，这些专业之间既有所不同，又相互联系，构成了一个建设项目完整的成套性整体。

2. 原始性（真实性）

工程项目档案是专业技术活动的真实记录。

3. 专业性

工程项目档案是多个专业技术活动的记录，如工程勘察、水文、地质、测绘、工程施工等。

4. 多样性

工程项目档案涉及不同专业（水工、机电、金属结构等）、领域（水工、机电、工民建等）、档案形成主体（建设、设计、监理、施工、厂商、调试等单位）、形式（文字、图表、声像记录等）、载体（纸质、照片、光盘、实物等）。

5. 现实性

工程项目档案有较强的现实使用价值，项目档案在用于第一次实现使用价值后，还会在维护、运行、改（扩）建工作中提供利用，因此具有长期的现实使用价值。

6. 动态性

工程项目从项目的提出、设计施工到验收，档案一直处于活跃的状态，直至验收以后，才能相对稳定。

（二）工程项目档案工作的性质和原则

工程项目档案工作性质：是一项以工程管理为中心内容的专业性和服务性的工作；有独立的工作对象、特定的工作内容和专门的工作方法，为工程建设提供技术资料保障，是工程管理不可缺少的一部分。

工程项目档案工作原则：① 按照《档案法》和规程规范及国网新源公司管理手册要求，实行集中统一领导、分级管理的原则；② 保证明项目档案的完整、准确、系统及安全保管和有效利用，保证满足竣工后的生产、运行、维护、改（扩）建的需要。

（三）工程项目档案工作的基本要求

从事工程项目档案的工作人员要熟知工程项目档案工作的管理规范、标准；项目建设单位应建立健全工程项目档案管理制度与工作标准，并采取措施，加强前端控制与过程控制。严把验收关，做好工程项目档案的预验收工作。

建设项目档案资料是随着项目的建设环环相扣、段段相连、步步延伸、逐渐形成的，这些档案资料一旦形成，其完整性、准确性、系统性就已经客观存在了，要保持这种客观性，从工程项目立项建设伊始，就要注意文件材料的形成、积累工作。文件质量是关键，积累是基础，回忆录式的档案不能作为日后档案利用的依据。强调从项目开始就要有专人对档案工作进行通盘考虑和统筹规划，遵循工程建设和档案形成规律，支持档案工作与工程建设同步管理，以保证归档资料的完整、系统、准确。

二、工程项目档案管理职责

工程建设项目档案工作实行统一领导、分级管理；按照“谁主管、谁负责”“谁形成、谁整理”的原则开展档案管理工作。

（一）建设单位管理职责

（1）建立健全项目档案管理体系，按照集中统一领导、分级管理原则，落实项目档案管理责任制，认真履行项目建设单位对工程项目档案工作统一组织的管理职能，负责对建设工程各参建单位档案工作的组织、协调、指导、监督和检查。

（2）按照国家和行业的规定，建立档案管理制度体系，制定并不断完善工程项目档案管理制度和业务标准等实施细则。

（3）将项目文件收集、整理和移交内容纳入合同管理。在合同中明确各参建单位项目文件的编制范围、质量要求、移交时间、套数、移交版本及违约责任等。工程招投标和签订合同协议时设立专门条款，明确各参建单位项目文件收集、整理、归档等方面的责任及违约责任。

（4）实行项目档案与项目建设同步管理；参与工程分部、单位工程及合同工程验收时，会同监理单位对项目档案的完整、准确、系统情况进行检查，发现问题及时要求有关单位整改。

（5）负责前期文件、项目管理文件、生产准备文件、竣工验收文件的收集、整理及归档。

（6）负责对设计、监理、施工、调试、监造等参建单位项目档案进行审查、验收。

（7）提供必要的软件（档案管理信息系统）、硬件（电脑、扫描仪、打印机、打孔机、装订工具、卷皮、档案盒、脊背标签等）。为实现档案信息的数字化、网络化，档案的接收、传递、存储和提供利用的一体化提供了基础保障。

（二）档案归口管理部门管理职责

一般项目建设单位办公室是档案工作的归口管理部门，其职责如下：

（1）贯彻落实国家、行业有关档案工作法律、法规、规定及标准，建立健全档案管理制度体系，将“三纳入、四参加、四同步”要求贯穿到项目档案全过程管理。

（2）负责制定公司档案管理制度，统筹规划并负责项目准备阶段形成的立项、项目管理等前期文件、工程管理文件、设备文件、工程竣工验收文件的收集、整理、鉴定、保管及提供利用等工作。

（3）负责解决档案工作中存在的问题和困难，逐步改善工作条件，使档案工作与工程建设的各项工作协调发展。统筹安排项目档案管理所需资金，负责档案用房及设备设施的配置，确保满足档案信息化建设需要和档案安全管理条件，定期组织档案安全检查。

（4）组织公司专（兼）职档案人员业务培训。负责组织对各参建单位档案管理工作进行组织协调和检查、指导工作。对项目建设各参建单位的文件编制、整理和归档等工作进行监督、指导、检查、验收。严格按照《承包商履约评价考核》对各参建单位档案管理工作进行考核评价。

（5）负责保密档案借阅和外单位档案借阅的审批，负责组织对到期档案的鉴定和销毁工作。

（6）负责与地方档案行政主管部门及上级主管单位沟通档案工作，负责项目档案专项验收工作。

（三）主办部门管理职责

（1）负责对各参建单位是否及时收集项目文件材料进行监督检查。

（2）负责对工程全过程资料收集的跟踪、重要节点、隐蔽工程等资料的采集（含声像）。

（3）设置兼职档案员，并按照工程的进展情况，认真收集、整理相关资料，根据归档要求将完整、准确、系统的档案材料进行立卷并按时移交。

（4）项目划分要在开工前编制、审批完成，最好是整个电站有一个总的、到分部层级的项目划分，各标段在此基础上划分单元，这样可以保持整个电站项目划分的整体性。

（四）参建单位管理职责

施工承包商管理职责：设置专门机构配备专人负责项目文件的日常收集和整理等工作，按合同约定，收集、整理各自承建范围内形成的施工和安装项目文件，经监理审核后向项目建设单位移交。项目文件管理应以单元工程、检验批次等为单位，建立预立卷管理制度，对施工过程中形成的所有类别的项目文件实施全过程同步管理。接受项目建设单位及监理单位的业务指导；对各项检查中存在的问题按要求及时完成整改工作。工程分包的应对分包单位形成的项目文件进行审核确认，履行签章手续，应对项目文件的质量负责。施工单位按项目合同约定和水电工程竣工图编制有关规定对竣工图进行编制。

监理单位管理职责：设置专门机构配备专人负责项目文件的日常收集和整理等工作，检查指导施工承包商档案管理工作。应按合同约定、监理规范，将施工、安装、设备制造、移民等单位形成的项目文件和案卷质量纳入工程质量监控范围。负责监督、检查项目建设中文件形成、收集、积累和完整、准确、系统情况，审核、签署竣工文件，并向项目建设单位提交有关专项报告、验证材料及其他监理文件。负责监督和审核项目文件、图纸内容的完整、准确、系统情况及归档文件的质量，并与项目建设单位密切配合共同做好工程项目档案管理工作。

设计单位管理职责：按合同约定时间，专人负责工程竣工图纸及相关文件的整理、编制。对所管理的档案文件的真实性、准确性、系统性、完整性负责。

三、基建档案归档范围

（一）工程建设文件分类

（1）工程建设依据性文件。项目建设单位工程建设依据性文件，分为抽水蓄能电站工程建设应贯彻、执行的主要相关法律、法规、规章、政策性文件，需要依据和遵从的国家、行业相关技术规程、规范、标准和上级部门的通用制度、管理规定、办法，以及公司技术标准、管理手册和项目决策、审批文件等依据性文件。

（2）工程准备阶段文件。为项目核准开始，是在核准批复、用地审批、征地拆迁、勘察设计、招投标、建设管理策划、监理进场、筹建期项目施工及监理、主体工程开工准备等工程准备阶段形成的文件。

（3）工程实施阶段文件。为主体工程开工后直至电站最后一台机组投产，是在项目建设管理、勘测设计、建设监理、施工管理、招投标及合同管理、物资管理、工程施工、调试、试运行、验收及试验检测、科研等方面形成的文件。

（4）工程阶段验收文件。可分为工程截流验收文件、工程蓄水验收文件、工程蓄水（竣工）鉴定文件、机组启动试运行文件、监督及评价等工程阶段验收所形成的文件。

（5）工程专项验收文件。是枢纽工程、消防、移民、职业病防护设施、水土保持、环境保护、劳动安全与工业卫生、档案、安全各工程专项验收所形成的文件。

（6）工程达标投产与创优文件。是指电站工程达标投产自检及验收过程形成的项目文件和创优过程管控文件及验收文件。

（7）工程总结与后评价文件。为建设管理总结评价、项目后评价等形成的文件。

（二）工程建设文件收集归档主要内容

工程建设文件收集归档是项目提出、立项、审批、勘察、设计、监理、验收等工程建设及工程管理过程形成的文字、表格、声像、图纸等各种载体材料，工程建设各方都要参与工程建设文件收集归档工作，表 6–1 是项目建设单位工程建设文件收集归档主要内容，表 6–2 是监理单位工程建设文件收集归档主要内容，表 6–3 是检测、检验、试验单位工程建设文件收集归档主要内容，表 6–4 是施工承包商工程建设文件收集归档主要内容。

表 6–1　　项目建设单位工程建设文件收集归档主要内容

阶段	内容	主要形成文件
前期阶段	项目立项	（1）项目核准文件； （2）可行性研究报告及审查文件； （3）项目评估报告及审批文件（环境保护、水土保持、地震、地灾、水资源利用、压覆矿产、文物、职业病危害、安全预评价等）
	建设用地审批征用	（1）选址及审批文件； （2）建设用地审批文件、建设用地许可证（土地预审、征用土地申请及批准、红线图、坐标图、行政区域图拆迁、安置、补偿批准）； （3）征地、拆迁及赔偿、临时用地租赁合同协议； （4）国有土地使用证、建设工程用地许可证
	设计文件	（1）设计基础文件； （2）初步设计及审查文件； （3）施工图设计； （4）优化设计
	设计、监理、施工及设备物资招投标	（1）项目招、投标及评标文件； （2）项目合同、协议文件
施工阶段	施工准备	（1）环境保护、消防、卫生、劳动安全、规划文件； （2）开工审批文件； （3）项目许可（建设工程规划许可证、建设工程施工许可性等）
	安全、质量、进度管理	（1）工程质检大纲、单位工程划分汇总表； （2）质量、安全管理文件，强条及技术规范文件； （3）安全、质量类的专项活动、培训、人员资质（火工材料、爆破作业等过程管控，特种作业人员资质）； （4）工程进度管理文件
	资产管理	（1）资金计划； （2）执行概算及批准文件； （3）工程款支付及结算单
	物资采购管理	（1）物资管理台账、设备开箱验收记录； （2）进口设备免税审批文件、海关验收文件； （3）设备催交来往文件
	质量监管	（1）质量监督站成立文件与现场质量监督站检查文件； （2）质量监督中心站阶段性检查文件、整改反馈文件——闭环：开展质量监督申请，质监站批；复质监站通知、项目建设单位通知、汇报、各家自检报告（加盖章）、签到表（检查组、迎检人员）、检查组现场留的结论、质监站以文件形式下发的《现场巡视报告》、项目建设单位下发的整改通知、各参建单位对整改通知的反馈
	工程会议与统计	（1）工程各种会议纪要； （2）工程统计表等安委会、质管会会议资料——闭环：会议通知、会议资料、各单位报告（加盖章）、签到表、会上形成资料（纪要、责任书等）
生产准备与试运行阶段	生产准备与试运行	（1）生产准备大纲，运行、操作流程（规范）； （2）调试方案、大纲； （3）人员培训材料； （4）试运行记录； （5）试运行期运行事故记录分析报告、处理记录及结论
	试运行期电力生产	（1）机组并网运行安全评价、风险评估报告； （2）电力生产许可证

续表

阶段	内容	主要形成文件
竣工阶段	竣工交接	（1）启委会成立文件； （2）机组移交生产签证书
	竣工验收	（1）项目竣工专项验收文件； （2）项目整体竣工验收文签证
	工程总结	（1）工程总结（建设、设计、施工、调试、试生产等）； （2）工程质量评估文件
	决算与审计	（1）工程决算书及报批文件； （2）工程决算审计报告
	达标投产与工程创优	（1）达标投产考核文件； （2）工程质量评价报告； （3）工程创优文件

表 6–2　　监理单位工程建设文件收集归档主要内容

阶段	内容	主要形成文件
	往来函件	往来函件（按文号排列，往来函件按流程收集齐全，批复在前，请示在后）技术、安全、质量、进度、投资、综合类往来函件，文件流程有以下几种： ——监理单位直接发文； ——施工承包商报监理单位，监理单位直接批复（2 个文件闭环）； ——施工承包商报监理单位，监理单位转报业主，业主批复给监理单位，监理单位再转批给施工承包商（4 个文件闭环）。 施工承包商发起的文件由施工承包商闭环归档，监理单位只需归档往来函件统计表（按标段、类别统计，每个文件都要标注出施工承包商竣工档案的档号）；与项目建设单位之间的往来函件（未下发到施工承包商的）
施工准备阶段	监理策划	监理大纲、监理规划、监理实施细则及报批文件
	机构、人员	项目监理机构成立文件及人员名单、监理人员资格证书、监理单位资质证书及申报表
	资质、资格审核	进场单位资质、人员资格申报表
施工阶段	质量控制	（1）设计文件、图纸评审意见及回复； （2）原材料供应单位资质报表、进场材料、构配件、设备报审表； （3）施工、调试方案报审表； （4）中间交付验收交接表； （5）监理旁站记录（平行检验记录）； （6）工程质量报验申请、施工质量检查分析评估、质量等级评定表； （7）单元工程检查及开工（开仓）签证、工程分部分项质量认证、评估； （8）各项测控量成果及复核文件、外观、质量、文件等检查、抽查记录； （9）其他质量控制文件
	安全控制	（1）组织机构成立文件及规章制度； （2）参建单位安全机构、管理制度报审表、特殊工种作业人员资格报审表； （3）事故调查处理文件； （4）其他安全管理文件
	进度投资控制	（1）监理总控制计划、施工进度计划报审表； （2）工程索赔及付款报审表； （3）工程计量单； （4）工程支付证书； （5）竣工结算审核意见书； （6）设计变更、材料、零部件、设备代用审批、工程量复查资料； （7）其他进度投资控制文件

续表

阶段	内容	主要形成文件
施工阶段	监理记录日常	（1）监理会议纪要（按时间排列，均要有会议签到表；监理周例会会议纪要、监理安全周例会会议纪要、监理图纸会审纪要、监理专题会议纪要）； （2）监理周（月、季、年）报、备忘录（按时间排列）； （3）监理日志（按标段、专业排列）； （4）开（停、复、返）工令、许可证、延长工期报审表（按开停、复、返工令在前、申请在后排列）； （5）监理通知单、工作联系单、监理工程师指令及反馈； （6）监理值班（旁站及跟踪监理）记录
竣工阶段	工程总结	（1）监理工作总结； （2）工程质量评估报告； （3）项目（单位）工程监理报告、专业监理工作报告（电气、金属结构、地质、观测、试验、测量等专业）
	质量评价	单台机组及整体工程质量评价

表 6–3　　检测、检验、试验单位工程建设文件收集归档主要内容

阶段	内容	主要形成文件
	日常工作	（1）项目部成立、人员任命、人员资质、印章启用、名称变更； （2）试验单位体系（安全、质量、职业健康）证书； （3）往来函件（按类别、时间排列）； （4）周（月、季、年）报； （5）试验资料（闭环：报告、委托单/取样单、材质证明、试验记录等）； （6）试验设备率定台账、检定证书
	工程总结	达标投产、创优过程资料 工作总结、年度分析
	质量评价	单台机组及整体工程质量评价

表 6–4　　施工承包商工程建设文件收集归档主要内容

阶段	内容	主要形成文件
施工准备阶段	技术与质量策划	（1）施工组织设计和专业施工组织设计； （2）工程项目划分表； （3）工程执行法律法规和标准清单； （4）工程建设强制性条文清单； （5）施工方案、作业指导书编审计划； （6）安全及职业健康管理方案、重大起重运输方案措施； （7）施工达标、创优实施细则； （8）“五新”技术实施计划； （9）环境管理方案
施工阶段	各专业施工文件	（1）型式报告、工程技术要求、技术交底、图纸会审记录； （2）施工方案及报批文件； （3）设备、材料及构件出厂质量证明文件； （4）材料试验报告； （5）设计变更通知单、材料代用核定审批单、技术核定单、设备缺陷单； （6）施工定位测量、复核记录； （7）施工技术记录； （8）强条执行检查记录； （9）工程施工检验检测报告、设备试转记录； （10）隐蔽工程验收记录； （11）工程质量检查验收记录、中间交接记录； （12）施工日志愿； （13）质量事故处理报告； （14）竣工（草）图

续表

阶段	内容	主要形成文件
施工阶段	分部、单位工程	分部工程： （1）往来函件（本分部开工报批、技术措施报批、监理指令及反馈、交底、专题纪要等）； （2）单元工程评定、验收资料（含试验报告复印件、测量资料原件，首先按评定类别排序，每一类别再按部位、桩号、高程、仓号等排序）； （3）分部工程验收报批； （4）工程照片 单位工程： （1）往来函件（涉及本单位工程中多个分部工程的工程往来函件）； （2）单位工程验收报批； （3）单位工程照片（按重要性、分部、部位排序）
	原材料、试验、检验	（1）原材料类（水泥、钢筋、外加剂、粉煤灰、铜止水、砂、碎石、土工布、橡胶止水带、砖、铜绞线、中空锚杆、岩石抗压强度、防水卷材、防水涂料、钢板材质检测及超声波检测、击实检测、矿渣粉等）进场及试验资料，原件单独组卷，首先按材料种类排序，每一种类材料里再按进场材料使用申请、进场材料报告等的编号、日期排列； （2）中间产品类（混凝土抗压、抗冻、劈拉、抗渗、砌筑砂浆、锚杆砂浆、钢筋焊接接头、钢筋机械连接、回填混凝土抗压强度报告、混凝土凝结时间检测、锚杆拉拔、锚杆无损检测、铜止水焊接接头、铜止水焊接接头渗透、无侧限抗压强度等）试验检验资料，原件单独组卷，首先按产品类别排序，每一类产品再按单位——分部
		（1）观测记录（沉降、位移、应力、应变、渗流、水位、温度等各项内、外观测记录等）； （2）测量原始记录
竣工阶段	竣工移交	（1）合同工程验收签证； （2）施工、调试工程总结
		达标创优过程控制和成果文件

四、工程项目档案归档方法

工程项目档案归档首先要收集项目文件，将项目文件转换成项目档案，直接针对具体项目的管理性工程文件材料放入所针对的项目里组卷，并编制案卷目录，组卷归档。

（一）收集要求

归档文件材料应为原件。原件是指最初产生的有别于复印件的原始文件，即具有套红、盖章的文件，或具备真实签名的文件。非承办、主送和抄送本单位的文件，可提供复制件。归档文件材料内容应完整、系统。例如，合同协议应包括合同正本、有价值的企业资信材料及合同会签单、授权书等。

文件材料应采用黑色碳素笔、蓝黑墨水笔等耐久性强的书写工具，不得使用红笔、铅笔、纯蓝笔等易褪色的书写工具；不得使用复写纸；打印设备应采用激光打印机，并保证设备墨色充足，符合设备标的要求。文件材料应字迹清楚、图样清晰、图标整洁，表面不应有污垢，重要数据不应有随意涂改的痕迹；严禁使用手签章或名章代替手签名，签名不应草签、代签。

录音、录像文件应保证载体的有效性。长期存储的电子文件应使用不可擦除型光盘存储。岩心实物应有选择地进行归档。

（二）整理组卷的要求

组卷要遵循工程文件材料的形成规律，保持案卷内工程文件材料的有机联系，便于档案的保管和利用。项目文件由形成单位进行分类组卷，具体参照《抽水蓄能电站工程基建期建设文件目录（试行）》，项目划分要在开工前编制、审批完成，要同基建管理系统项目划分一致，这样可以保持整个电站项目划分的整体性。设计变更文件应按单位工程、分部工程、专业等编制设计变更台账。要编制原材料追踪台账（使用部位要细划到具体的工程部位），并按月由监理审核签字，在合同工程完工后统一整编归档。施工质量处理、缺陷处理报告等应有闭环管理的相关记录，记录要与相关声像文件相对应。

（三）卷内文件的排列、目录编制

文字材料按时间、事项、专业顺序排列，同一事项的请示与批复、同一文件的主件与附件不能分开，并按批复在前、请示在后，主件在前、附件在后的顺序排列。图纸按专业排列，同专业图纸按图号顺序排列。既有文字，又有图纸的案卷，文字材料在前、图纸在后编制卷内目录。

卷内工程文件材料页号的编写，案卷内工程文件材料均以有书写内容的页面编写页号。单面书写的工程文件材料每页都编写页号，双面书写的工程文件材料正面和背面都应编写页号。印刷成册的工程文件材料，自成一卷的原目录可代替卷内目录，不必重新编写页号。

案卷题名应简明、准确地揭示卷内工程文件材料的内容。卷内目录的序号用阿拉伯数字从 1 起依次标注卷内工程文件材料数的顺序。文件编号应填写工程文件材料的文号或图号。文件材料题名应填写工程文件材料的全称。日期应填写工程文件材料的形成日期。页数/页次：填写该文件的总页数/填写该文件在卷内的起止页码。

（四）卷内说明及备考表

备考表是该卷档案的备注说明，必填的项目一般是本卷的页数（包括图纸张数、磁盘光盘数等）、立卷（归档）人、检查人、归档日期等，在组卷和案卷提供使用过程中需要说明的问题。

一般来说，卷内目录中的“备注”是用来简单说明文件需要说明的情况，卷内备考表中的“说明”用于做进一步的详细说明。

例如，文件实体不完整的文件，如缺页、缺正本等，先在卷内目录“备注”中注明，详细情况需在卷内备考表“说明”中予以说明。

思考与练习

1. 工程建设项目档案的特点是什么？
2. 工程建设项目文件材料主要有哪些？
3. 参建单位管理职责是什么？
4. 工程建设项目档案的收集要求是什么？

模块 2　建设项目档案管理过程控制（Ⅱ级）

模块描述　本模块介绍抽水蓄能电站工程建设项目档案管理过程中的工作内容和管理要求，通过要点和案例讲解，使员工基本掌握工程项目文件的收集及项目档案管理过程审核工作的内容，能够开展工程建设项目文件的审核工作。

正 文

一、完整性和准确性的核查

完整性、准确性是建设工程项目档案质量的核心，完整性是指工程项目的各类文件材料收集齐全、系统成套。其标准是能够完整地反映工程活动的全部内容和工程面貌。准确性是指建设工程项目档案所记载的内容能够真实、客观地反映出该项工程的建设活动和技术水平，其标准应达到“三个一致”（即工程项目档案同反映的工作对象相一致、同该工程的上议过程相一致、同一个工程项目的相关技术文件互相对应、彼此协调，内容上相一致，要达到标准）。注意从两个方面来把握：① 项目文件必须是建设活动的原始记录和真实写照，如要求每个单元工程验收时的现场照片。② 按工程技术文件的精度要求，建设工程的施工记录、测试数据、验收报告等必须精确，不能简单化。

（一）影响建设工程项目档案完整性、准确性的因素

（1）任何一项水电工程项目，从施工到竣工，完全按照最初的设计图纸实施是不可能的。建设活动在变化，作为其直接记录的技术文件也必然随之变化。如不及时修正相关文件，不及时收集补充材料，当然会影响工程项目档案的完整性和准确性。

（2）工程设计是非常重要的环节，如地下洞室施工地质条件变化时，要对原施工图更改和补充。此外，为采用新技术、新工艺或接受合理化建议，也要更改和补充有关设计文件。

（3）管理不到位，执行不力也是影响工程项目档案的完整性和准确性的因素。

（二）工程项目档案完整性、准确性的核查

基本方法“四查”：① 目录，鉴别项目文件登记是否齐全，通过目录、图纸和卷内目录，了解是否按国网新源公司要求。② 案卷，鉴别工程项目档案是否系统成套，通过检查案卷，分析案卷之间的相互联系，检查档案是否缺项，进一步核实。③ 项目文件，着重鉴别内容能否真实反映工程情况，记载是否有误，是否反映工作实际，签证手续是否完备。④ 现场工作档案的控制。

1. 专业人员主要审核的内容

完整性：根据文件形成过程和施工工序，对项目文件的完整情况进行审查。

准确性：根据现场实际情况，对施工文件记录的内容、数据的真实性和可靠性，以及竣工图是否修改到位，竣工图与现场实际是否相符等准确性方面的问题进行审核。

有效性（符合性）：依据行业规定、标准，对归档文件是否符合施工工序、验收评价

程序及要求的审查。

2. 档案人员审核的内容

完整性：主要从项目档案的整体、单位（分部）工程的局部、每份归档文件的个体三方面检查归档文件的完整性。

系统性：主要对项目档案的分类、组卷、排列、编目等系统整理情况进行检查。

有效性：主要对项目档案的原件、签章手续完备情况及文件的闭环情况进行检查。

档案验收审核要求——“三级多专业审核”，三级：施工承包商自检、监理单位审核、项目建设单位审查（抽查）。

二、建设项目档案归档时间

（一）工程准备阶段文件

项目建设单位工程有关部门根据职责划分，收集、整理项目核准前工程建设文件资料，要求项目选址规划文件、预可行性研究文件、可行性研究文件、项目申请及核准文件等项目核准前有关工程建设文件、图纸与技术资料应在项目核准后 2 个月内移交至向项目建设单位办公室档案室（以下简称档案室）归档。

收集、积累和整理项目工程施工准备阶段文件，主要包括项目建设用地文件、勘测设计文件、监理文件、招投标及合同文件、建设管理策划文件、筹建期工程建设实施管理文件、主体工程开工准备管理文件等，应于主体工程开工后 3 个月内将有关文件资料移交至档案室归档。

项目建设单位有关部门应检查、指导勘察、设计、监理及施工单位收集、积累勘察、设计、监理文件和工程准备阶段施工项目的施工档案资料，组织勘察、设计、监理、施工等参建单位按合同及档案管理有关规定，及时进行检查、整理，并向档案室移交归档。

（二）工程实施阶段文件

项目建设单位工程有关部门根据职责划分，收集、积累和整理工程实施阶段项目建设管理文件、招投标及合同管理文件、物资管理文件、调试及试运行管理文件等，按照档案管理有关规定及时进行检查、整理，向项目建设单位档案室移交归档。

设计单位应收集、积累工程实施阶段的勘测设计文件，应由项目建设单位工程部组织勘察、设计单位，按合同及《国家电网公司档案管理办法》《国网新源控股有限公司建设项目档案管理手册》及时进行检查、整理，并向档案室移交归档。

（三）工程阶段验收文件

项目建设单位工程有关部门应对工程阶段验收文件进行收集、整理，在一般情况下，应在通过该阶段验收后 3 个月内将有关验收文件等移交至档案室归档。

（四）工程专项验收阶段文件

项目建设单位工程部门按职责分工，应分别对工程各专项验收文件进行收集、整理，一般情况下，应在通过该专项验收后 1 个月内将有关验收文件等移交至档案室归档。

国网新源公司办公室依据公司《工程专项验收和竣工验收管理手册》《重大建设项目档案验收办法》（档发〔2006〕2 号）的相关规定，组织、协调基建项目工程建设档案专项验收工作。

（五）工程达标投产与创优文件

项目建设单位工程部门每年应对工程达标投产与创优文件进行整理及归档，建立台账，一般情况下，应在获得达标投产或该项优质工程后 3 个月内将有关验收文件等移交至档案室归档。

（六）工程总结与后评价文件

项目建设单位工程部门应对工程总结与后评价文件进行收集、整理，在总结评价完成后 1 个月内移交至档案室归档。

（七）工程音像数码文件

项目建设单位数码照片采集要点，工程项目建设过程中的数码音像文件，表现随着工程进展各阶段工程全景影像和照片，典型施工部位和典型工艺的影像和照片，能表现作业地点、作业内容等现场要素。工程日常管理中重要工程活动及会议的数码照片，要表现会议主题，主要参加单位或人员等内容的全景照片。具体要求按《国网新源公司基建部关于加强水电（蓄能）工程建设安全质量检查实体抽检和数码采集管理的通知》的要求执行。

监理单位数码照片采集要点，监理安全、质量控制活动的影像和照片，如旁站监理质量控制照片，要对施工质量的关键部位、工序、试验作业项目拍摄，以混凝土浇筑为例，施工部位、建基面验收、钢筋绑扎、埋管（件）敷设、模板验收、坍落度测试、试块制作、混凝土下料过程、混凝土收面等各工序典型照片。对施工安全的关键部位、工序、重要及危险作业项目进行的拍摄，主要表现安全文明施工、人员作业及移位状态、安全防护用品使用、遵章守纪等要素。监理工程师采集数码照片是旁站和巡检记录的一部分，不能直接采用施工承包商数码照片作为监理旁站和巡检记录照片。

施工承包商数码照片采集要点，按照《国网新源公司基建部关于加强水电（蓄能）工程建设安全质量检查实体抽检和数码采集管理的通知》的要求执行。

三、工程建设档案收集、组卷出现的问题及整改措施

（一）工程项目档案收集、组卷易出现的问题

（1）单元验收评价文件中存在签字与签字字模不符、日期涂改、数字涂改、排列顺序不正确、打印不清晰、漏盖章、工程名称和施工单位名称填写不规范、单元验收评价日期与各工序日期时间逻辑有误、单元验评结果与工序验评结果不一致、施工依据填写不规范、装订边距不足等问题。

（2）日志存在填写不规范、涂改形式不正确、记录不连续、预留装订线不足等问题。

（3）原材料、中间产品存在缺检验的现象，即试验频率与合同规定及规程规范要求不符。试验检验报告存在电子签名、盖章位置不合理、工程部位与委托单不一致等问题。原材料厂家材质证明不规范等问题。

（4）数码照片采集点代表性不够，没有用激光打印机打印，六要素编制不够准确，同一张照片用在不同日期不同单元评定中，照片只有两张等问题。

（5）项目文件存在盖章不清晰、页边距不足，文件有请示缺批复、文号不规范等问题。存在专工自行替换项目文件、设计变更的现象，未按正常文件收发文流程流转，造成版本不一。

工程建设档案收集、组卷出现的问题示例见图 6–1～图 6–13。

××抽水蓄能电站混凝土单元工程质量评定表

<table>
<tr><td>单位工程名称及编号</td><td colspan="3">上库混凝土面板堆石坝 P1-11</td><td colspan="2">单元工程量</td><td>73.34m²</td></tr>
<tr><td rowspan="2">分部工程名称及编号</td><td colspan="3" rowspan="2">趾板和坝肩坝基防渗 P1-11-45</td><td colspan="2">起止桩号</td><td>趾 0+421.790~趾 0+431.790</td></tr>
<tr><td colspan="2">起止高程</td><td>EL1391.000~EL1392.500m</td></tr>
<tr><td>单元工程名称及部位与编号</td><td colspan="3">趾板混凝土 P1-11-45-002</td><td colspan="2">评定日期</td><td>2015 年 9 月 3 日</td></tr>
<tr><td>施工依据</td><td colspan="6">上水库面板和趾版体型及接缝止水详图 BJ68S-H2-1-3-2-1～5</td></tr>
<tr><td rowspan="2">项类</td><td colspan="2" rowspan="2">工序名称及编号</td><td colspan="4">工序质量验收评定等级</td></tr>
<tr><td colspan="2">施工单位自评</td><td colspan="2">监理单位评定</td></tr>
<tr><td rowspan="4">一般项目</td><td>1</td><td>基础面、混凝土施工缝</td><td colspan="2">优良</td><td colspan="2">优良</td></tr>
<tr><td>2</td><td>模版</td><td colspan="2">优良</td><td colspan="2">优良</td></tr>
<tr><td>3</td><td>预埋件</td><td colspan="2">优良</td><td colspan="2">优良</td></tr>
<tr><td>4</td><td>混凝土外观</td><td colspan="2">合格</td><td colspan="2">合格</td></tr>
<tr><td rowspan="2">主控项目</td><td>1</td><td>钢筋</td><td colspan="2">优良</td><td colspan="2">优良</td></tr>
<tr><td>2</td><td>混凝土浇筑</td><td colspan="2">优良</td><td colspan="2">优良</td></tr>
<tr><td rowspan="2">检测结果</td><td colspan="2">主控项目</td><td colspan="4">全部符合质量标准</td></tr>
<tr><td colspan="2">一般项目</td><td colspan="4">共检查 4 项，其中合格 4 项，合格率 100%</td></tr>
<tr><td rowspan="2">评定标准</td><td colspan="2">合格</td><td colspan="4">基础面或混凝土施工缝、模版、钢筋、预埋件、混凝土浇筑、混凝土外观 6 项全部达到合格，混凝土单元工程质量合格</td></tr>
<tr><td colspan="2">优良</td><td colspan="4">基础面或混凝土施工缝、模版、预埋件、混凝土外观4项，达到合格并且其中一项达到优良，钢筋、混凝土浇筑 2项达到优良，混凝土单元工程质量优良</td></tr>
<tr><td colspan="2">施工单位自评意见</td><td>自评质量等级</td><td colspan="3">监理单位复核意见</td><td>核定质量等级</td></tr>
<tr><td colspan="2">主控项目：3项质量优良，1项质量合格。
一般项目：3项质量优良，1项质量合格</td><td>优良</td><td colspan="3">主控项目：3 项质量优良
1 项质量合格。
一般项目：3 项质量优良
1 项质量合格</td><td>优良</td></tr>
<tr><td>施工单位</td><td colspan="2">中国葛洲坝集团股份有限公司</td><td>监理单位</td><td colspan="3">浙江华东工程咨询有限公司</td></tr>
<tr><td colspan="3">质量负责人</td><td colspan="4">监理工程师</td></tr>
<tr><td colspan="3">2015 年 9 月 3 日</td><td colspan="4">2015 年 9 月 4 日</td></tr>
<tr><td colspan="7">注：当混凝土物理力学性能不符合设计要求时应给予重新评定</td></tr>
</table>

填写不规范，按项目划分名称填写

填写不规范，应：趾 0+421.790~趾 0+431.790

填写不规范，应：EL.1391.000m~EL.392.500m

评定日期要与监理工程师填写日期相同

工序表中为“合格”

工序表中为“优良”

填写错误，主控项目和一般项目混淆，应为：主控项目2项质量优良、2项质量合格；一般项目2项质量优良、4项质量合格

应填写具有法人资格单位的现场派出机构

应填写具有法人资格单位的现场派出机构

图 6–1 示例 1

××抽水蓄能电站岩石地基开挖单元工程质量评定表

单位工程名称及编号	上库混凝土面板堆石坝 P1-11	单元工程量	$4000m^2$
分部工程名称及编号	趾板和坝肩坝基防渗 P1-11-45	起止桩号	************....
		起止高程	************....
单元工程名称及部位与编号	趾板混凝土 P1-11-45-002	评定日期	2015 年 7 月 14 日
施工依据	上水库面板和趾版体型及接缝止水详图 BJ68S-H2-1-3-2-1～5		

项类		检查项目	质量标准	检验记录
主控项目	1	保护层开挖	浅孔、密孔、少药量、控制爆破	人工配合清理
	2	建基面	开挖后岩面应满足设计要求，建基面上无松动岩块，表面清洁，无污垢、油污	建基面上无松动岩块，表面清洁，无污垢、油污
	3	不良地质开挖及缺陷处理	满足设计处理要求	—
	4	多组切割的不稳定岩体开挖	满足设计处理要求	—

项类		检测项目		设计值	允许偏差	最大值	最小值	检测点数	合格点数	合格率（%）
一般项目	1	孔洞（井）或洞穴的处理		满足设计处理要求		—				
	2	基坑（槽）无结构要求或无配筋预埋件等	坑（槽）长或宽 5m 以内	—	−10 +20	—	—	—	—	—
			坑（槽）长或宽 5～10m	—	−20 +30	—	—	—	—	—
			坑（槽）长或宽10～15m	—	−30 +40	—	—	—	—	—
			坑（槽）长或宽 15m 以上	—	−30 +50	40	-45	12	11	41.7
			坑（槽）长或宽底部标高	—	−10 +20	15	5	9	8	—
			竖直或斜面不平整度	—	20	25	10	8	7	87.5
	3	基坑（槽）有结构要求或无配筋预埋件等	坑（槽）长或宽 5m 以内	—	0 +10	—	—	—	—	—
			坑（槽）长或宽 5～10m	—	0 +20	—	—	—	—	—
			坑（槽）长或宽 10～15m	—	0 +30	—	—	—	—	—
			坑（槽）长或宽 15m 以上	—	0 +40	—	—	—	—	—
			坑（槽）长或宽底部标高	—	0 +20	—	—	—	—	—
			竖直或斜面不平整度	—	15	—	—	—	—	—
	4	岩石地基声波检测（需要时采用）		声波降低率小于 10%，或达到设计要求声波值以上						—

检测结果	主控项目	全部符合质量标准
	一般项目	共检查 28 点，其中合格 26 项，合格率 92.9%
评定标准	合格	主控项目符合标准：一般项目不少于 70%的检查点符合质量标准
	优良	主控项目符合标准：一般项目不少于 90%的检查点符合质量标准

施工单位自评意见	自评质量等级	监理单位复核意见	核定质量等级
主控项目：全部符合质量标准 一般项目：符合质量优良 检查项目实测点合格率 92.9%	优良	主控项目：全部符合质量优良 一般项目：符合质量优良 检查项目实测点合格率92.9%	优良
施工单位	中国葛洲坝集团股份有限公司抽水蓄能电站上下库施工项目部	监理单位	浙江华东工程咨询有限公司抽水蓄能电站工程建设监理中心
质量负责人		监理工程师	
2015 年9月3日		2015 年9月4日	
注：当混凝土物理力学性能不符合设计要求时应给予重新评定			

应填写具体工程量名称，即土石方：$4000m^3$

桩号和高程填写不规范

日期

数值填写与设计值要求不符

填写全面应为全部符合“质量标准”

填写具有法人资格单位的现场派出机构

填写具有法人资格单位的现场派出机构

图 6–2　示例 2

××× 抽水蓄能电站单元工程检查验收申请表

<table>
<tr><td>单位工程名称及编号</td><td>上库混凝土面板堆石坝
P1-31</td><td>合同编号</td><td>fnjhDGCSG〔2014〕40号</td></tr>
<tr><td rowspan="2">分部工程名称及编号</td><td rowspan="2">趾板和坝肩坝基防渗
P1-31-11</td><td>起止桩号</td><td>趾0+421.790~趾0+431.790</td></tr>
<tr><td>起止高程</td><td>EL1391.000m~EL1392.500m</td></tr>
<tr><td>单元工程名称及部位与编号</td><td>进水口开挖 P1-31-11-002</td><td>单元工程量</td><td>1000m³</td></tr>
<tr><td>施工依据</td><td colspan="3">上水库面板和趾版体型及接缝止水详图 FNP/C1BJ68S-H4-2-2-1</td></tr>
<tr><td colspan="4">浙江华东工程咨询有限公司丰宁抽水蓄能电站工程建设监理中心
本单元工程已经根据设计要求与有关质量标准，于 2015 年 8 月 20 日完工，并通过本单位自检合格，具备单元工程验收条件，请于 2015 年 7 月 2115时日组织进行现场检查验收。
施工单位质检人员签字：方驰
2015 年 8 月 20 日 14:30 时</td></tr>
</table>

随报资料	序号	资料名称	页数	备注
	1	□ 岩石地基开挖单元工程质量评定表		
	2	□ 开挖联合验收表	1	
	3	□ 工程照片	1	
	4	□ 测量成果汇报表（测量成果资料）	4	
	5	□ 半孔率检查记录表		
	6			
	7			
	8			
	9			
	10			
	11			
	12			
	13			
	14			
	15			
	16			

<table>
<tr><td rowspan="2">监理审签意见</td><td>收到本申请表时间：2015 年 8 月 20 日 14:30 时。
□ 同意于 2015 年 8 月 21 日组织验收，请提前做好相关签证表准备工作
□ 请按审查意见完善后重新审报
□ 验收安排另行通知</td></tr>
<tr><td>监理人员签字：
时
2015 年 8 月 20 日 14:30</td></tr>
</table>

图 6–3　示例 3

××抽水蓄能电站
预应力锚索单元工程质量等级评定表

项目名称：地下厂房及尾水系统土建及金属结构安装工程　合同编号：fnjhDGCSG[2014]25 号　编号：P3-31-11-006

单位工程名称及编号	地下厂房工程 P3-31		单元工程量	1 束 MS98#
分部工程名称及编号	主厂房洞开挖与处理 P3-31-11		起止桩号	厂左 0+003.000
			起止高程	EL1004.383
单元工程名称、部位及编号	预应力锚索 P3-31-11-006		检验日期	2016年8月4日

项类	检查项目			质量标准	检查记录
主控项目	1	钻孔	孔深	不小于设计孔深且不大于设计孔深 40cm	符合设计要求 25.4
			孔向	允许偏差≤±3°	2°
	2	锚索制作安装	材质检验	GB/T5224-2014	符合设计要求
			编索	符合图纸设计要求	符合图纸设计要求
	3	注浆	浆液性能	M40	M40
			内锚段注浆	注浆饱满	注浆饱满
	4	张拉	张拉及锁定荷载	顶拱 90%、边墙 80%	符合锁定荷载90%
			钢绞线或索体伸长值	符合理论伸长值	符合理论伸长值
	5	各项施工记录	齐全、准确、清晰	齐全、准确、清晰	齐全、准确、清晰
项类	检查项目			质量标准	检查记录
一般项目	1	钻孔	孔位偏差	孔位偏差≤10cm	8cm
			锚孔清理	无岩粉、无积水	无岩粉、无积水
			钻孔孔径	终孔孔径不小于设计孔径 10mm	134mm
	2	锚索制作安装	存放	签发合格证并编号，整齐、平顺不得折叠	整齐、平顺、不得折叠
			运输	水平运输支点间距≤2m，弯曲半径≥3m	符合规范要求
			索体安装	安装过程顺利，刚交钱无扭曲	安装过程顺利，无扭曲
	3	锚墩及封锚	结构与体形	符合设计要求	符合设计要求
			防护措施	符合设计要求	符合设计要求
检测结果	主控项目	全部符合质量标准			
	一般项目	共检测40点，其中合格33点，合格率82.5%。			
评定标准	优良	主控项目和一般项目全部符合质量标准。			
	合格	主控项目符合质量标准；一般项目不少于 70%的检查点符合质量标准。			

施工单位自评意见	自评质量等级	监理单位复核意见	核定质量等级
主控项目：全部符合质量标准 一般项目：符合质量标准，检查项目实测点的合格率82.5%。	合格	主控项目：[illegible]质量标准 一般项目：符合质量标准，检查项目实测点的合格率82.5%。	合格

施工单位：中国水利水电第七工程局有限公司丰宁水能电站项目经理部			监理单位：浙江华东工程咨询有限公司丰宁抽水蓄能电站工程建设监理中心
初检负责人	复检负责人	终检负责人	监理工程师
李华 2016年8月4日	李易 2016年8月4日	王浩 2016年8月4日	齐江兵 2016年8月4日

××抽水蓄能电站
预应力锚索单元工程检查验收

施工单位：中国水利水电第七工程局有限公司　编号：P3-[illegible]

单位工程名称及编号	地下厂房工程 P3-31	合同编号	fnjhDGCSG[2014]25 号
分部工程名称及编号	主厂房洞开挖与处理 P3-31-11	起止桩号	厂左 0+003.000
		起止高程	EL1004.383
单元工程名称、部位及编号	预应力锚索 P3-31-11-006	单元工程量	1 束 MS98#
施工依据			

浙江华东工程咨询有限公司丰宁抽水蓄能电站工程建设监理中心：

本单元工程已经根据设计要求与有关质量标准，于 2016 年 8 月 4 日完工，并通过本单位自检合格，具备单元工程验收条件。请于 2016 年 8 月 5 日 14 时组织进行现场检查验收。

施工单位质检人员签字：王浩（盖章）　2016 年 8 月 4 日 16 时

	序号	资料名称	页数	备注
随报资料	1	□预应力锚固单元工程质量评定表		
	2	☑预应力锚索造孔工序质量评定表	1	
	3	☑预应力锚索造孔钻进情况记录表	1	
	4	☑预应力锚索编索工序质量评定表	1	
	5	☑预应力锚索灌浆工序质量评定表	1	
	6	☑预应力锚索灌浆许可证	1	
	7	☑预应力锚索灌浆施工记录表	1	
	8	☑预应力锚索张拉工序质量评定表	1	
	9	☑预应力锚索张拉许可证	1	
	10	□预应力锚索张拉曲线表		
	11	☑钢锚墩制作及安装工序质量评定表	1	
	12	□预应力锚墩混凝土浇筑开仓证		
	13	☑工程记录照片表	1	
	14			
	15			

监理审签意见

收到本申请表时间：2016年 8 月 5 日 9 时

☑ 同意于 2016 年 8 月 5 日组织验收，请提前做好相关签证表准备工作

□ 请按审查意见完善后重新申报

□ 验收安排另行通知

监理人员签字：齐江兵　2016 年 8 月 5 日 9 时

注：一式二份报送监理单位，监理签署意见后返回施工单位一份。

验评申请时间与验评评定时间不符合逻辑，先评定后申请

图 6–4　示例4

应是“工序”

××抽水蓄能电站岩石边坡开挖单元工程质量评定表

该评定表的桩号和高程与后附测量资料的高程和桩号不同

项目名称：××××水蓄能电站上下水库土建及金属结构安装工程

<table>
<tr><td>单位工程名称及编号</td><td colspan="3">上库混凝土面板堆石坝 P4-51</td><td colspan="3">单元工程量</td><td colspan="4">4000m²</td></tr>
<tr><td rowspan="2">分部工程名称及编号</td><td colspan="3" rowspan="2">期进出水口边波开挖及支护 P4-51-21</td><td colspan="3">起止桩号</td><td colspan="4">*************....</td></tr>
<tr><td colspan="3">起止高程</td><td colspan="4">*************....</td></tr>
<tr><td>单元工程名称及部位与编号</td><td colspan="3">边波开挖 P4-51-21-001</td><td colspan="3">评定日期</td><td colspan="4">2016 年 7 月 28 日</td></tr>
<tr><td>施工依据</td><td colspan="10">下水库进出口水 EL1068.899m 高程以上开挖及支护（1/10BJ685 -H4-11-2-21）</td></tr>
<tr><td>项类</td><td colspan="3">检查项目</td><td colspan="3">质量标准</td><td colspan="4">检验记录</td></tr>
<tr><td rowspan="4">主控项目</td><td>1</td><td colspan="2">开挖坡面</td><td colspan="3">稳定无松动岩块</td><td colspan="4">稳定无松动岩块</td></tr>
<tr><td>2</td><td colspan="2">平均坡度</td><td colspan="3">不陡于设计坡度</td><td colspan="4">不陡于设计坡度</td></tr>
<tr><td>3</td><td colspan="2">保护层开挖</td><td colspan="3">浅孔、密孔、少药量、控制爆破</td><td colspan="4">浅孔、密孔、少药量、控制爆破</td></tr>
<tr><td>4</td><td colspan="2">地质缺陷</td><td colspan="3">对不良地面应按设计要求进行处理</td><td colspan="4">—</td></tr>
<tr><td rowspan="9">一般项目</td><td colspan="3" rowspan="2">检测项目</td><td rowspan="2">设计值</td><td>质量标准</td><td rowspan="2">最大值</td><td rowspan="2">最小值</td><td rowspan="2">检测点数</td><td rowspan="2">合格点数</td><td rowspan="2">合格率(%)</td></tr>
<tr><td>允许偏差</td></tr>
<tr><td>1</td><td colspan="2">坡脚标高</td><td>EL1037.50</td><td>±20cm</td><td>+22</td><td>−13</td><td>15</td><td>14</td><td>93.3</td></tr>
<tr><td>2</td><td colspan="2">坡面局部超欠挖</td><td>—</td><td>±2%</td><td>+110</td><td>−5</td><td>10</td><td>9</td><td>90.0</td></tr>
<tr><td rowspan="3">3</td><td rowspan="3">平孔率(%)</td><td>节理裂隙不发育的岩体</td><td colspan="2">>80</td><td colspan="5">—</td></tr>
<tr><td>节理裂隙发育的岩体</td><td colspan="2">>50</td><td colspan="5">51.7</td></tr>
<tr><td>节理裂隙极发育的岩体</td><td colspan="2">>20</td><td colspan="5">—</td></tr>
<tr><td>4</td><td colspan="2">岩石地基声波检测（需要时采用）</td><td colspan="6">声波降低率小于 10%，或达到设计要求声波值以上</td><td>—</td></tr>
</table>

<table>
<tr><td rowspan="2">检测结果</td><td>主控项目</td><td colspan="4">全部符合质量标准</td></tr>
<tr><td>一般项目</td><td colspan="4">共检查 25 点，其中合格 23 项，合格率 92.0%</td></tr>
<tr><td rowspan="2">评定标准</td><td>合格</td><td colspan="4">主控项目符合标准：一般项目不少于 70% 的检查点符合质量标准</td></tr>
<tr><td>优良</td><td colspan="4">主控项目符 合标准：一般项目不少于 90% 的检查点符合质量标准</td></tr>
<tr><td colspan="2">施工单位自评意见</td><td>自评质量等级</td><td>监理单位复核意见</td><td>核定质量等级</td></tr>
<tr><td colspan="2">主控项目：全部符合质量标准
一般项目：符合质量优良
检查项目实测点合格率 92.0%</td><td>优良</td><td>主控项目：全部符合质量优良
一般项目：符合质量优良
检查项目实测点合格率 92.0%</td><td>优良</td></tr>
<tr><td>施工单位</td><td colspan="2">中国葛洲坝集团股份有限公司抽水蓄能电站上下库施工项目部</td><td>监理单位</td><td>浙江华东工程咨询有限公司抽水蓄能电站工程建设监理中心</td></tr>
<tr><td>质量负责人</td><td>复检负责人</td><td>终检负责人</td><td colspan="2">监理工程师</td></tr>
<tr><td>钱文东</td><td>李支全</td><td>陈飞</td><td colspan="2">孙国哲
2016 年 7 月 28 日</td></tr>
<tr><td colspan="5">注：当混凝土物理力学性能不符合设计要求时应给予重新评定</td></tr>
</table>

边坡开挖的坡脚标高及坡面局部超欠挖的实测点数及合格点数与测量资料的点数不一致，且边坡开挖的测量验收资料的平面图及断面图无法显示检测的具体数据，此数据来源于哪？为此，填写的检测点数没有依据。鉴于这种情况，岩石边坡开挖的检测数据，若测量资料能显示检测数据的，就依据测量资料的测量成果填写检测点，若测量资料不能显示具体的检测项目，建议用三检记录表，补充该项目的实际检测数据

图 6–5　示例 5

××抽水蓄能电站
开挖联合验收表

001~003应为001-003

项目名称：××××水蓄能电站上下水库土建及金属结构安装工程
合同编号：fnjhDGCSG〔2014〕40号　　　　编号：P4-51-21-001~003

单位工程名称及编号	上库混凝土面板堆石坝 P4-51	单元工程量	4000m²
分部工程名称及编号	期进出水口边波开挖及支护 P4-51-21	起止桩号	*************…
		起止高程	*************….
单元工程名称及部位与编号	边波开挖 P4-51-21-001	评定日期	2016年7月28日
施工依据	下水库进出口水 EL1068.899m 高程以上开挖及支护（1/10BJ685-H4-11-2-21）		
验收部件简图			
施工单位意见	该段岩石边坡开挖单元质量满足设计及规范要求，具备验收条件。 负责人：陈飞 2016年7月28日		
监理单位意见	符合设计要求。 监理工程师：孙国哲 2016年7月28日		
设计单位意见	满足要求，倾向坡处及正面与坡面近平行裂隙加强支护。 地质工程师：李宝刚 2016年7月28日		
建设单位意见	满足设计要求。 建设单位代表：赵成 2016年7月28日		
联合检验意见	验收合格。 签署人：孙国哲 2016年7月28日		
备注			

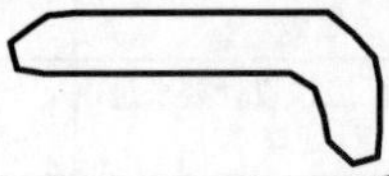

简易图太简单，应标出结构尺寸

图6–6　示例6

××抽水蓄能电站
岩石边坡开挖单元工程质量等级评定表

项目名称：××水蓄能电站上下水库土建及金属结构安装工程
合同编号：En计划合同部DGCSG〔2016〕53号　　　　　　　　编号：P3-32-81-001

单位工程名称及编号	地下厂房工程 P3-32	单元工程量	240m²
分部工程名称及编号	2号通风洞开挖及处理 P3-32-81	起止桩号	通2:0+0.13.876～ 通2:0+0.19.000
		起止高程	EL.1130.351～ EL.1140.301
单元工程名称及部位与编号	土石方明挖 P3-32-81-001	评定日期	2016年9月13日
项次	工程名称及编号	工序质量验收评定等级	
1	△岩石边坡开挖	优良	
2	地质缺陷处理	—	
评定标准	合格	各工序施工质量验收评定全部合格。各项报验资料应符合要求	
	优良	各工序施工质量验收评定全部合格，其中优良工序应达到50%及以上，且主要工序应达到优良等级。各项报验资料应符合要求	
施工单位自评意见	自评质量等级	监理单位复核意见	核定质量等级
各施工质量验收评定全部合格，其中优良工序达到92.5%，且主要工序达到优良等级	优良	各施工质量验收评定全部合格，其中优良工序达到92.5%，且主要工序达到优良等级	优良
施工单位	中国葛洲坝集团股份有限公司抽水蓄能电站上下库施工项目部	监理单位	浙江华东工程咨询有限公司抽水蓄能电站工程建设监理中心
质量负责人	复检负责人	终检负责人	监理工程师
钱文东	李支全	陈飞	吴庆东　2016年9月13日
注：当混凝土物理力学性能不符合设计要求时应给予重新评定			

该部位的起止桩号和高程与测量资料不一致

优良工序率随意填写：只评定了一项工序，等级为优良，优良工序率应为100%

图6–7　示例7

××抽水蓄能电站岩石地下平洞开挖单元工程质量评定表

项目名称：××××水蓄能电站上下水库土建及金属结构安装工程

单位工程名称及编号	地下厂房工程 P1-11	单元工程量	$565m^3$
分部工程名称及编号	排水道及其他附属洞室开挖与处理 P3-31-61	起止桩号	（排 3）0+246.340～（排 3）0+277.14
		起止高程	EL.1001.510m～EL.1001.268m
单元工程名称及部位与编号	石方开挖 P1-11-45-002	评定日期	2016 年 8 月 30 日
施工依据	《排水廊道布置及开挖支护排水图（1/6～6/6）》图号 BJ68S-H5-4-1-2-1		

项类		检查项目	质量标准	检验记录
主控项目	1	开挖岩面或壁面	无松动岩块、陡砍、尖角	无松动岩块、陡砍、尖角
	2	不良地质处理	符合设计要求	—
	3	洞轴线	符合设计要求	符合设计要求

项类		检测项目		设计值	允许偏差	最大值	最小值	实测点数	合格点数	合格率(%)
一般项目	1	无结构要求或无配筋	径向	—	−10 +20	+23	+13	30	26	86.7
			侧墙	—	−10 +20	+32	+3	30	27	90.0
			底标高	—	−10 +20	+37	15	30	28	93.3
		开挖面不平整度		—	15	18	5	30	28	93.3
	2	有结构要求或无配筋	径向	—	0 +20	—	—	—	—	—
			侧墙	—	0 +20	—	—	—	—	—
			底标高	—	0 +20	—	—	—	—	—
		开挖面不平整度		—	15	—	—	—	—	—
	3	半孔率（%）	节理裂隙不发育的岩体	＞80		检测率为 70				
			节理裂隙发育的岩体	＞50						
			节理裂隙极发育的岩体	＞20						
	4	岩石地基声波检测（需要时采用）		声波降低率小于 10%，或达到设计要求声波值以上						—

检测结果	主控项目	全部符合质量标准
	一般项目	共检查 120 点，其中合格 109 项，合格率 90.83%
评定标准	合格	主控项目符合标准：一般项目不少于 70%的检查点符合质量标准
	优良	主控项目符合标准：一般项目不少于 90%的检查点符合质量标准

施工单位自评意见	自评质量等级	监理单位复核意见	核定质量等级
主控项目：全部符合质量标准 一般项目：符合质量优良 检查项目实测点合格率 90.83%	优良	主控项目：全部符合质量优良 一般项目：符合质量优良 检查项目实测点合格率 90.83%	优良

施工单位	中国葛洲坝集团股份有限公司抽水蓄能电站上下库施工项目部	监理单位	浙江华东工程咨询有限公司抽水蓄能电站工程建设监理中心

初检负责人	复检负责人	终检负责人	监理工程师
侯永生 2016 年 8 月 30 日	李易 2016 年 8 月 30 日	潘锡建 2016 年 8 月 30 日	齐宾 2016 年 8 月 30 日

开挖径向、侧墙检测点数、合格点数及最大值、最小值与后附测量资料相差较大，填写数据随意性较大

平洞“底标高”检测栏的检测数据，在后附的测量资料并未显示测量点，测量剖面图也显示未进行检测

图 6-8　示例 8

工程量填写不全，除开挖量外，还应填写“爆破孔数”或“总米数”

××抽水蓄能电站半孔率检查记录表

项目名称：××××水蓄能电站上下水库土建及金属结构安装工程

合同编号：En计划合同部DGCSG〔2016〕53号　　　　编号：P3-32-81-001

单位工程名称及编号	地下厂房工程P3-32	单元工程量	$240m^3$
分部工程名称及编号	排水道及其他附属洞室开挖与处理P3-31-61	起止桩号	通0.2+0138.876340～通0.2+019.000
		起止高程	EL.1001.510m～EL.1001.268m
单元工程名称及部位与编号	石方开挖P1-31-61-002	评定日期	2016年9月13日
施工依据	2号通风洞洞口布置图（1/2～2/2）		

孔号	1	2	3	4	5	6	7	8	9	10	11	12
检查结果	3.8	4.1	2.9	3.2	1.1	0.8	1.0	0	0.4	0.7	0.9	1.1
孔号	13	14	15	16	17	18	19	20	21	22	23	24
检查结果	0.2	0.5	0.1	0.3	0.5	0.2	0.3	0.1				
孔号	25	26	27	28	29	30	31	32	33	34	35	36
检查结果												
孔号	37	38	39	40	41	42	43	44	45	46	47	48
检查结果												
孔号	49	50	51	52	53	54	55	56	57	58	59	60
检查结果												
孔号	61	62	63	64	65	66	67	68	69	70	71	72
检查结果												
备注												
检测结果	岩性特征：											
	本单元共有预裂孔100m,其中半孔22.2m											

施工单位			监理单位
初检负责人： 侯永生 2016年9月13日	复检负责人： 李易 2016年9月13日	终检负责人： 张耿实 2016年9月13日	监理工程师： 吴庆东 2016年8月30日

“备注”和“岩性特征”两栏未按要求填写，无法体现半孔率计算是否正确

图 6–9　示例 9

××抽水蓄能电站
锚杆安装工序质量评定表

工程量未显示本单元锚杆共计根数

单位工程名称及编号	下期进出水口及阀门井 P4-51	单元工程量	25，210 根 28，210 根
分部工程名称及编号	二期进出水口边开挖与支护 P4-51-11	起止桩号	K0+110.000-K0+155.557(右)
		起止高程	EL1047.00.000m～EL1068.80m
单元工程名称及部位与编号	趾板混凝土 P4-51-002	评定日期	2016 年 6 月 22 日

项类		检测项目	质量标准	检验记录		
一般项目	1	锚杆及胶结材料性能	符合设计要求	符合设计要求		
	2	锚孔清理	无岩粉、积水	锚孔清理干净、无岩粉、积水		
	3	锚孔孔深	符合设计要求 $L=\pm 5\text{cm}$	符合设计要求		
	4	注浆锚杆抗拔力		符合设计要求		
	5	预应力张力与锁定		—		
主控项目		检测项目	质量标准	检测点数	合格点数	合格率（%）
	1	孔位偏差	≤10cm	30	28	93.3
	2	钻孔方向	垂直锚固面或符合设计要求	30	26	86.7
	3	孔径	质量标准	30	28	93.3
	4	锚杆长度	符合设计要求 $L=\pm 5\text{cm}$	30	30	100
	5	注浆	符合设计要求	机械注浆，注浆饱满		
检测结果	主控项目	全部符合质量标准				
	一般项目	共检查 200 项，其中合格 112 项，合格率 93.3%				
评定标准	合格	主控项目符合标准：一般项目不少于 70%的检查点符合质量标准				
	优良	主控项目符合标准：一般项目不少于 90%的检查点符合质量标准				

施工单位自评意见	自评质量等级	监理单位复核意见	核定质量等级
主控项目：全部符合质量标准 一般项目：　　符合质量优良 检查项目实测点合格率 99.3%	优良	主控项目：全部符合质量优良 一般项目：　　符合质量优良 检查项目实测点合格率 99.3%	优良

施工单位	中国葛洲坝集团股份有限公司抽水蓄能电站上下库施工项目部	监理单位	浙江华东工程咨询有限公司抽水蓄能电站工程建设监理中心

初检负责人	复检负责人	终检负责人	监理工程师
钱文奇	陈飞		孙国哲　2016 年 6 月 22 日

注：当混凝土物理力学性能不符合设计要求时应给予重新评定

检测频率不够，本单元至少要检查42个点（规范要求锚杆孔检查采用抽样检查，总抽样数量为10%～15%，但不少于20根，锚杆总量少于20根时，全数都检）

孔径的合格率应为100%

图 6–10　示例 10

××抽水蓄能电站
混凝土仓面浇筑工艺设计图表

单位工程名称及编号	下库库岸库盆 P4-21	单元工程量	84m³
分部工程名称及编号	二期进出水口边开挖与支护 P4-21-11	起止桩号	K0+110.000-K0+155.557(右)
		起止高程	EL1047.00.000m～EL1068.80m
单元工程名称及部位与编号	结构混凝土 P4-51-002	施工时段	2016 年 10 月 22 日～2016 年 10 月 22 日
施工依据	BJ68S-H3-2-5-2-1、2、3　　BJ68S-H3-2-2-1、2		

混凝土特征	分区	混凝土强度等级	坍落度	方量	拌和楼
	1	C2f	15	84	卫营地
	2				
	3				
	4				

预计开仓时间	预计收仓时间	预计烧筑历时	预计入仓强度
2016 年 10 月 24 日　9:00	2016 年 10 月 24 日　16:00	7h0min	12

入仓手段	缆机	辅料机	门机	自卸汽车	混凝土泵车	人工入仓
					砍泵车	

仓面设备及措施	平仓手段	振捣设备		防御保温		积水及骨料分离处理		其他	
		ϕ130		降温机		水泵		温度计	
		ϕ100		保温被		水桶			
		$\phi\leq$80		防雨布		水勺			
		软轴棒	软轴棒			铁锹			

仓面人数	仓面指挥	质检人员	温控人员	技术员	浇筑工	模版块	辅助人员	其他
	1	1		1	6	4	1	

烧筑方法	平浇法		台阶法	
	层次	层厚	台阶宽度	层厚
	10	1fcm		

温度控制	出机口温度	入仓温度	浇筑温度	混凝土内部允许最高温升

注意事项	

施工单位：中国葛洲坝集团股份有限公司抽水蓄能电站上下库施工项目部						监理单位：浙江华东工程咨询有限公司抽水蓄能电站工程建设监理中心			
技术员	杜晨迪	终检人	席国荣	旁站人	席国荣	验收监理	刘永	旁站监理	刘永

该部位应根据浇筑时使用的工具进行填写，不应该杠划

该部位应按施工规范数据填写，不允许杠划

图 6–11　示例 11

桩号与后附测量资料有出入

××抽水蓄能电站模版工序质量评定表

单位工程名称及编号	地下厂房工程P4-21	单元工程量	84m³
分部工程名称及编号	泄洪放空洞改造工程P4-21-11	起止桩号	（排3）0+246.340～（排3）0+277.14
		起止高程	EL.1001.510m～EL.1001.268m
单元工程名称及部位与编号	结构混凝土P4-21-11-004	评定日期	2016 年 10 月 24 日
施工依据	《排水廊道布置及开挖支护排水图（1/6～6/6）》图号BJ68S–H5-4-1-2-1		

项类		检查项目		质量标准（mm）		检验记录		
				外露表面	隐蔽内面	检测点数	合格点数	合格率（%）
主控项目	1	稳定性、刚度和强度		符合设计要求		符合设计要求		
	2	结构物边线与设计边线	外模版	0～-10	15	15	15	100
			内模版	+10～0				
	3	结构物水平截面内部尺寸		±20		15	15	100
	4	承重模版标准		+5～0		15	15	100
一般项目	1	模版平整度	相邻量版面高度差	2	5	15	14	99.0
			局部不平（用2m直尺检查）	5	10	15	13	86.6
	2	板面缝隙		2	2	15	15	100
	3	模版外观		质量符合标准要求，表面光洁、无污物		质量符合标准要求，表面光洁、无污物		
	4	脱模剂		质量符合标准要求，涂抹均匀		质量符合标准要求，涂抹均匀		
	5	预留孔洞	中心线位置	5		15	15	100
			截面内部尺寸	+10～0		15	14	93.3
检测结果	主控项目	全部符合质量标准						
	一般项目	共检查 75 点，其中合格 71 点，合格率 94.7%						
评定标准	合格	主控项目符合标准：一般项目不少于 70%的检查点符合质量标准						
	优良	主控项目符合标准：一般项目不少于 90%的检查点符合质量标准						

施工单位自评意见	自评质量等级	监理单位复核意见	核定质量等级
主控项目：全部符合质量标准 一般项目：符合质量优良 检查项目实测点合格率 94.7%	优良	主控项目：全部符合质量优良 一般项目：符合质量优良 检查项目实测点合格率 94.7%	优良
施工单位	中国葛洲坝集团股份有限公司抽水蓄能电站上下库施工项目部	监理单位	浙江华东工程咨询有限公司抽水蓄能电站工程建设监理中心

初检负责人	复检负责人	终检负责人	监理工程师	
侯永生	李易	潘锡建	刘永	2016 年 8 月 30 日

该部位的检测数据与后附测量检查点数不符

图 6–12　示例 12

××抽水蓄能电站混凝土浇筑工序质量评定表

<table>
<tr><td colspan="3">单位工程名称及编号</td><td colspan="2">下库拦河坝 P4-11</td><td>单元工程量</td><td colspan="3">113.8m³</td></tr>
<tr><td colspan="3" rowspan="2">分部工程名称及编号</td><td colspan="2" rowspan="2">拦河坝交通隧洞 P4-11-4C</td><td>起止桩号</td><td colspan="3">K0+164.000-K0+176.000</td></tr>
<tr><td>起止高程</td><td colspan="3">EL.1075.083m～EL.1074.467m</td></tr>
<tr><td colspan="3">单元工程名称及部位与编号</td><td colspan="2">结构混凝土 P4-21-11-004</td><td>评定日期</td><td colspan="3">2016 年 10 月 27 日</td></tr>
<tr><td rowspan="2">项类</td><td colspan="2" rowspan="2">检查项目</td><td colspan="3">质量标准（mm）</td><td colspan="3" rowspan="2">检验记录</td></tr>
<tr><td>优良</td><td colspan="2">合格</td></tr>
<tr><td rowspan="4">主控项目</td><td>1</td><td>入库混凝土料</td><td>无不合格材料入库</td><td colspan="2">少量不合格料入仓</td><td colspan="3">无不合格材料入库</td></tr>
<tr><td>2</td><td>混凝土振捣</td><td>厚度不大于振捣棒有效长度的 90%，分层清楚，无骨料集中现象</td><td colspan="2">局部稍差</td><td colspan="3">厚度不大于振捣棒有效长度的 90%，分层清楚，无骨料集中现象</td></tr>
<tr><td>3</td><td>铺料间歇时间</td><td>垂直插入下层 5cm，有次序、间距、留振时间合理，无漏振、无超振</td><td colspan="2">无漏振，无超振</td><td colspan="3">垂直插入下层 5cm，有次序、间距、留振时间合理，无漏振、无超振</td></tr>
<tr><td>4</td><td>混凝土养护</td><td>符合要求，无初凝现象</td><td colspan="2">上游迎水面 15cm 以内无初凝现象，其他部位初凝累计面积不超过 1%，并经处理合格</td><td colspan="3">符合要求，无初凝现象</td></tr>
<tr><td rowspan="5">一般项目</td><td>1</td><td>砂浆铺路</td><td>厚度不大于 3cm,均匀平整，无漏铺</td><td colspan="2">厚度不大于 3cm,局部稍差</td><td colspan="3">厚度不大于 3cm,均匀平整，无漏铺</td></tr>
<tr><td>2</td><td>积水和泌水</td><td>无外部水流入，泌水排出及时</td><td colspan="2">无外部水流入，有少量泌水，且排除不够及时</td><td colspan="3">无外部水流入，泌水排出及时</td></tr>
<tr><td>3</td><td>插筋、管路等埋设件以及模板的保护</td><td>保护好，符合要求</td><td colspan="2">有少量位移，及时处理，符合设计要求</td><td colspan="3">保护好，符合要求</td></tr>
<tr><td>4</td><td>混凝土烧筑温度</td><td>满足设计要求</td><td colspan="2">80%以上的测点满足设计要求，且单点超温不大于 3℃</td><td colspan="3">满足设计要求</td></tr>
<tr><td>5</td><td>混凝土表面保护</td><td>保护时间、保护材料质量符合设计要求</td><td colspan="2">保护时间、保护材料质量符合设计要求</td><td colspan="3">保护时间、保护材料质量符合设计要求</td></tr>
<tr><td colspan="2" rowspan="2">检测结果</td><td>主控项目</td><td colspan="6">全部符合质量标准</td></tr>
<tr><td>一般项目</td><td colspan="6">共检查 6 点，其中合格 6 点，合格率 100%</td></tr>
<tr><td colspan="2" rowspan="2">评定标准</td><td>合格</td><td colspan="6">主控项目全部符合合格质量标准；一般项目基本符合合格质量标准</td></tr>
<tr><td>优良</td><td colspan="6">主控项目全部符合优良质量标准；一般项目基本符合优良或合格质量标准</td></tr>
<tr><td colspan="3">施工单位自评意见</td><td colspan="2">自评质量等级</td><td colspan="2">监理单位复核意见</td><td colspan="2">核定质量等级</td></tr>
<tr><td colspan="3">主控项目：全部符合质量标准
一般项目：符合质量优良</td><td colspan="2">优良</td><td colspan="2">主控项目：全部符合质量优良
一般项目：符合质量优良</td><td colspan="2">优良</td></tr>
<tr><td colspan="2">施工单位</td><td colspan="3">中国葛洲坝集团股份有限公司抽水蓄能电站上下库施工项目部</td><td>监理单位</td><td colspan="3">浙江华东工程咨询有限公司抽水蓄能电站工程建设监理中心</td></tr>
<tr><td colspan="2">初检负责人</td><td>复检负责人</td><td colspan="2">终检负责人</td><td colspan="4">监理工程师</td></tr>
<tr><td colspan="2">侯永生</td><td>李易</td><td colspan="2">潘锡建</td><td colspan="2">刘永</td><td colspan="2">2016 年 10 月 27 日</td></tr>
</table>

混凝土浇筑温度应填写现场实际量测的数据

一般项目都是用文字描述的没有检测点，数据及合格率来源于何处？混凝土外观质量评定表也存在同样的情况

图 6–13　示例 13

（二）工程项目档案的收集和审核工作

施工承包商、监理单位大都按照各自长期形成的习惯进行工程管理，对资料管理也都按习惯做法立卷归档。而作为一个项目工程，则要求所有归档的资料具有准确、齐全、规范的特点。因此，项目管理部门在工程建设初期，也就是开工前，而不是中后期，就应结合工程项目的实际情况，制定适合本工程项目的资料管理规定，明确建设单位、施工承包商、监理单位在工程资料形成过程中各自的职责和应承担的责任，做到分工明确、责任明确。工程项目管理单位和监理单位，在开工之前就应制定出一套可行的、适合本工程特点的档案资料所要求的表格及样本，以便于各参建单位在工程资料整理过程中有依据、好操作，这样才能避免资料格式的多样性、不规范性。只有加强工程建设各阶段档案资料的有序管理，才能保证归档文件材料及图纸内容的准确、齐全、规范，才能保证施工技术资料记录齐全、签署完备、原材料质量，保证资料真实可靠。

加强过程控制是保证档案资料真实有效的手段。工程项目建设单位、监理单位工程管理人员、工程技术人员要切实负起责任，做到工程建设与资料整理同步进行，避免施工与资料整理两张皮，切忌先完成施工任务，而后补资料的现象发生，负有管理职责的档案资料管理人员要经常深入施工现场，对各施工单位资料的同步性、真实性、准确性、完整性、规范性进行检查，建立过程控制奖罚制度，督促各参建单位高标准、严要求做好工程档案资料。应加强培训，使工程项目管理人员、监理工程师、施工技术人员在增强档案意识的同时也熟知档案业务。使工程项目一开始就用规范化、标准化来严格要求，提高施工管理水平。杜绝施工过程中不规范的原始资料和文件出现。

档案文件整编列入进度计划是同步完成项目档案的有效措施。各施工承包商在制定工程进度计划时，应将每个分部、分项工程文件质量检查工作列入该项工程单位工程进度计划中，并作为重要的网络节点来完成。对在整编资料中出现的“原件不齐全”“签证资料不齐全”“不规范”“不统一”等问题，要及时研究给予解决。为防止再出现此类问题，要加强监督检查。建设单位要执行标准，对不符合标准的资料要拒收，从源头保证交工资料的质量。

严格把住竣工验收关，使工程竣工资料发挥凭证作用。档案验收审核要求“三级多专业审核”，三级是指施工单位自检、监理单位审核、项目单位审查（抽查）。工程项目管理部门、监理工程师要严把审查验收关，对各参建单位编制的竣工图、文字资料、施工报告要进行认真审查，着重检查隐蔽工程验收记录的真实性和工程变更单的落实情况，认真审查竣工图及文字资料是否完整、准确，签证是否完备，组卷是否合理等。总之，在竣工验收阶段，工程项目管理部门、监理部门、档案管理人员要密切配合，确保竣工资料档案的真实性和准确性。

可行的、适合本工程特点的档案资料所要求的表格及样本如下：

（1）填写评定表时，要注意签名必须是手签名，不允许以盖章（签名章或刻字章）或电子签名代替和代签。

（2）评定表中字迹材料及载体质量应符合档案保护要求，不应用易褪色（红色墨水、纯蓝墨水、圆珠笔、复写纸、铅笔等）的书写材料书写。

（3）竖向文件的左边距、横向文件的上边距不得小于 2.5cm；双面装订或小册子装订的文件，装订侧的页面边距不得小于 2.5cm，以满足档案整编需要。此项是为减轻档案整编责任单位档案整编的工作量，如果预留的装订边距不够，需要做粘裱处理，工作量大且案卷难看。

（4）编号。单元工程项目划分表中所示单元工程编号+流水号；每个单元所有工序评定表编号要一致。在评定文件形成时可将单元工程项目划分表中所示单元工程编号直接打印，流水号后填。

（5）单元工程量。应填写估算工程量，仅填主要工程量，结算时仅做参考，不作为最终工程量结算依据，一个验收单元中有不同的工程量，可分别注释填写，例如，“土石方：4000m^3，面积：300m^2，必须手写，见表 6–5。

表 6–5　　××抽水蓄能电站岩石地基开挖单元工程质量评定表

项目名称：抽水蓄能电站上、下水库土建及金属结构安装工程

合同编号：fnjhDGCSG〔2014〕40 号　　　　编号：P1–11–42–002–8

单位工程名称及编号	上库混凝土面板堆石坝 P1–11	单元工程量	土石方：4000m^3，面积：300m^2

（6）起止桩号。以设计注明的或测量表明的桩号为准，精确到小数点后几位要确定，高程标识均采用英文缩写即以“EL.”为准，并填写单位“m”，例如，“主坝 0+285.870～主坝 0+395.320”“EL.1400.000m～EL.1405.000m”，可以直接打印，见表 6–6。

表 6–6　　起　止　桩　号

单位工程名称及编号	上库混凝土面板堆石坝 P1–11	单元工程量	土石方：4000m^3，面积：300m^2
分部工程名称及编号	坝肩坝基开挖及处理 P1–11–42	起止桩号	主坝 0+285.870～主坝 0+395.320
		起止高程	EL.1400.000m～EL.1405.000m
单元工程名称及部位与编号	趾板及坝基开挖 P1–11–42–002	评定日期	2015 年 7 月 15 日

（7）检验（评定）日期。年——填写 4 位数，月——填写实际月份（1～12 月），日——填写实际日期（1～31），必须手写，见表 6–7。

表 6–7　　检 验 （评 定） 日 期

单元工程名称及部位与编号	趾板及坝基开挖 P1–11–42–002	评定日期	2015 年 7 月 15 日
项次	工序名称及编号	工序质量验收评定等级	

（8）一般项目和主控项目。检验记录填写文字应真实、准确、简练。数字记录应准确、可靠，小数点后保留位数应符合有关规定，必须手写，见表 6–8。

表 6–8　　一般项目和主控项目检验记录

项类	检查项目		质量标准			检验记录				
主控项目	1	保护层开挖	浅孔、密孔、少药量、控制爆破			人工配合反铲清理				
	2	建基面	开挖后岩面应满足设计要求，建基面上无松动岩块，表面清洁、无污垢、油污			建基面上无松动岩块，表面清洁、无污垢、油污				
	3	不良地质开挖及缺陷处理	满足设计处理要求			—				
	4	多组切割的不稳定岩体开挖	满足设计处理要求			—				
一般项目	检测项目			设计值（m）	允许偏差（cm）	最大值（m）	最小值（m）	检测点数	合格点数	合格率
	1	孔、洞（井）或洞穴的处理		满足设计处理要求						
	2	基坑（槽）无结构要求或无配筋预埋件等	坑（槽）长或宽 5m 以内	—	–10 +20	—	—	—	—	—
			坑(槽)长或宽 5～10m	—	–20 +30	—	—	—	—	—
			坑(槽)长或宽 10～15m	—	–30 +40	—	—	—	—	—
			坑（槽）长或宽 15m 以上	—	–30 +50	40	–45	12	11	91.7
			坑（槽）底部标高	1400.00	–10 +20	1400.15	1400.05	8	8	100
			垂直或斜面不平整度	—	20	25	10	8	7	87.5
	3	基坑（槽）有结构要求或有配筋预埋件等	坑（槽）长或宽 5m 以内	—	0 +10	—	—	—	—	—
			坑(槽)长或宽 5～10m	—	0 +20	—	—	—	—	—
			坑(槽)长或宽 10～15m	—	0 +30	—	—	—	—	—
			坑（槽）长或宽 15m 以上	—	0 +40	—	—	—	—	—
			坑（槽）底部标高	—	0 +20	—	—	—	—	—
			垂直或斜面不平整度	—	15	—	—	—	—	—
	4	岩石地基声波检测（需要时采用）		声波降低率小于 10%，或达到设计要求声波值以上		—				

（9）检测结果。必须为手写，见表 6–9。

表 6–9　　检 测 结 果

检测结果	主控项目	全部符合质量标准
	一般项目	共检测 28 点，其中合格 26 点，合格率 92.9%
评定标准	合格	主控项目符合质量标准；一般项目不少于 70% 的检测点符合质量标准
	优良	主控项目符合质量标准；一般项目不少于 90% 的检测点符合质量标准

（10）施工单位自评意见及自评质量等级、监理单位复核意见及核定质量等级。必须为手写。根据不同检测项目，按合格率的标准填写质量等级，见表 6–10。

表 6–10　　施工单位自评意见及自评质量等级、监理单位复核意见及核定质量等级

施工单位自评意见	自评质量等级	监理单位复核意见	核定质量等级
主控项目：全部符合质量标准。 一般项目：符合质量标准，检查项目实测点合格率 92.9%	优良	主控项目：全部符合质量标准。 一般项目：符合质量标准，检查项目实测点合格率 92.9%	优良

（11）注明设计具体要求（如内容较多，可附页说明），凡有符合规范要求的，应标出所执行的规范名称及编号，见表 6–11。

表 6–11　　注 明 设 计 具 体 要 求

项类	检 查 项 目		质 量 标 准	检 查 记 录
主控项目	1	地质探孔、竖井、平洞、试坑处理	符合设计要求	符合设计要求
	2	地质缺陷处理	节理、裂隙、断层、夹层或构造破碎带的处理符合设计要求	节理、裂隙、断层、夹层或构造破碎带的处理符合设计要求
	3	缺陷处理采用材料	材料质量满足设计要求	材料质量满足设计要求
	4	渗水处理	地基及坡面渗水（含泉眼）已引排或封堵，岩面整洁无积水	渗水已引排
一般项目	1	坡面局部超欠挖地质缺陷处理范围	地质缺陷处理的宽度和深度符合设计要求。地基及坡面岩石断层、破碎带的沟槽开挖边坡稳定，无反坑，无浮石，节理、裂隙内的充填物冲洗干净	地质缺陷处理的宽度和深度符合设计要求

（12）设计值。按施工图填写，实测值填写实际检测数据，而不是偏差值。当实测值数据较多时，可填写实测组数、实测值范围（最小值～最大值）、合格数，但实测值应作表格附件备查，见表 6–12。

表 6–12　　设 计 值

项类	检 查 项 目		质 量 标 准	检 验 记 录
主控项目	1	保护层开挖	浅孔、密孔、少药量、控制爆破	人工配合反铲清理
	2	建基面	开挖后岩面应满足设计要求，建基面上无松动岩块，表面清洁、无污垢、油污	建基面上无松动岩块，表面清洁、无污垢、油污
	3	不良地质开挖及缺陷处理	满足设计处理要求	—
	4	多组切割的不稳定岩体开挖	满足设计处理要求	—

续表

<table>
<tr><th colspan="4">检 查 项 目</th><th>设计值（m）</th><th>允许偏差（cm）</th><th>最大值（m）</th><th>最小值（m）</th><th>检测点数</th><th>合格点数</th><th>合格率</th></tr>
<tr><td rowspan="13">一般项目</td><td>1</td><td colspan="2">孔、洞（井）或洞穴的处理</td><td colspan="7">满足设计处理要求</td></tr>
<tr><td rowspan="6">2</td><td rowspan="6">基坑（槽）无结构要求或无配筋预埋件等</td><td>坑（槽）长或宽 5m 以内</td><td>—</td><td>−10 +20</td><td>—</td><td>—</td><td>—</td><td>—</td><td>—</td></tr>
<tr><td>坑（槽）长或宽 5～10m</td><td>—</td><td>−20 +30</td><td>—</td><td>—</td><td>—</td><td>—</td><td>—</td></tr>
<tr><td>坑（槽）长或宽 10～15m</td><td>—</td><td>−30 +40</td><td>—</td><td>—</td><td>—</td><td>—</td><td>—</td></tr>
<tr><td>坑（槽）长或宽 15m 以上</td><td>—</td><td>−30 +50</td><td>40</td><td>−45</td><td>12</td><td>11</td><td>91.7</td></tr>
<tr><td>坑（槽）底部标高</td><td>1400.00</td><td>−10 +20</td><td>1400.15</td><td>1400.05</td><td>8</td><td>8</td><td>100</td></tr>
<tr><td>垂直或斜面不平整度</td><td></td><td>20</td><td>25</td><td>10</td><td>8</td><td>7</td><td>87.5</td></tr>
<tr><td rowspan="6">3</td><td rowspan="6">基坑（槽）有结构要求或有配筋预埋件等</td><td>坑（槽）长或宽 5m 以内</td><td>—</td><td>0 +10</td><td>—</td><td>—</td><td>—</td><td>—</td><td>—</td></tr>
<tr><td>坑（槽）长或宽 5～10m</td><td>—</td><td>0 +20</td><td>—</td><td>—</td><td>—</td><td>—</td><td>—</td></tr>
<tr><td>坑（槽）长或宽 10～15m</td><td>—</td><td>0 +30</td><td>—</td><td>—</td><td>—</td><td>—</td><td>—</td></tr>
<tr><td>坑（槽）长或宽 15m 以上</td><td>—</td><td>0 +40</td><td>—</td><td>—</td><td>—</td><td>—</td><td>—</td></tr>
<tr><td>坑（槽）底部标高</td><td>—</td><td>0 +20</td><td>—</td><td>—</td><td>—</td><td>—</td><td>—</td></tr>
<tr><td>垂直或斜面不平整度</td><td>—</td><td>15</td><td>—</td><td>—</td><td>—</td><td>—</td><td>—</td></tr>
</table>

（13）半孔率检查记录表填写，表中最多能记录 72 个孔，但一个开挖工程单元验收可能有 N 个爆破循环，可填写 1 张或 N 张记录表；备注栏中应填写某个孔至某个孔为哪一循环，设计孔深为多少米，例如，1～30 个为第一循环，设计孔深为 3.0m，31～72 个为第二循环，设计孔深为 3.5m，设计参数取定以爆破设计单为准，见表 6–13。

表 6–13　　半孔率检查记录表

<table>
<tr><td>孔号</td><td>1</td><td>2</td><td>3</td><td>4</td><td>5</td><td>6</td><td>7</td><td>8</td><td>9</td><td>10</td><td>11</td><td>12</td></tr>
<tr><td>检查结果（m）</td><td>1.5</td><td>1.4</td><td>1.3</td><td>1.7</td><td>1.8</td><td>1.2</td><td>1.5</td><td>1.3</td><td>1.4</td><td>1.5</td><td>1.6</td><td>1.7</td></tr>
<tr><td>孔号</td><td>13</td><td>14</td><td>15</td><td>16</td><td>17</td><td>18</td><td>19</td><td>20</td><td>21</td><td>22</td><td>23</td><td>24</td></tr>
<tr><td>检查结果（m）</td><td>1.6</td><td>1.4</td><td>1.3</td><td>1.2</td><td>1.5</td><td>1.4</td><td>1.3</td><td>1.2</td><td>1.5</td><td>1.7</td><td>1.4</td><td>1.3</td></tr>
<tr><td>孔号</td><td>25</td><td>26</td><td>27</td><td>28</td><td>29</td><td>30</td><td>31</td><td>32</td><td>33</td><td>34</td><td>35</td><td>36</td></tr>
<tr><td>检查结果（m）</td><td>1.5</td><td>1.4</td><td>1.3</td><td>1.2</td><td>1.5</td><td>1.4</td><td>1.3</td><td>1.2</td><td>1.5</td><td>1.4</td><td>1.3</td><td>1.2</td></tr>
<tr><td>孔号</td><td>37</td><td>38</td><td>39</td><td>40</td><td>41</td><td>42</td><td>43</td><td>44</td><td>45</td><td>46</td><td>47</td><td>48</td></tr>
<tr><td>检查结果（m）</td><td>1.1</td><td>1.5</td><td>1.4</td><td>1.3</td><td>1.4</td><td>1.2</td><td>1.5</td><td>1.4</td><td>1.3</td><td>1.2</td><td>1.5</td><td>1.4</td></tr>
<tr><td>孔号</td><td>49</td><td>50</td><td>51.</td><td>52</td><td>53</td><td>54</td><td>55</td><td>56</td><td>57</td><td>58</td><td>59</td><td>60</td></tr>
<tr><td>检查结果（m）</td><td>1.7</td><td>1.2</td><td>1.7</td><td>1.8</td><td>1.5</td><td>1.6</td><td>1.5</td><td>1.4</td><td>1.3</td><td>1.2</td><td>1.5</td><td>1.4</td></tr>
<tr><td>备注</td><td colspan="12">第一循环从第 1 个孔至第 30 个孔，设计孔深为 3m；第二循环从第 31 个孔至第 60 个孔，设计孔深为 3.5m</td></tr>
</table>

（14）工程记录照片表中，共设四栏照片，照片拍摄内容应具有代表性和针对性，同时为每张照片配相应的名称，以便辨识，必须使用激光彩色打印机打印，照片上应显示日期。

（15）所有评定资料均要填写齐全，确实不需要填写的项目均应打“—”或盖“以下空白”章。个别数据要修改的，不能用涂改液修改，应杠改并签名认可。

思考与练习

1. 项目档案的完整性和准确性是指什么？
2. 影响建设工程项目档案完整性、准确性的因素是什么？
3. 工程项目档案收集、组卷易出现的问题有哪些？

第七章　基建管理综合评价和承包商考核评价管理

模块 1　基建项目单位基建管理综合评价（Ⅰ级）

模块描述　本模块介绍了对基建项目单位进行基建管理综合评价的体系构成、评价方法及评价结果的应用，通过基建管理综合评价工作要点讲解，了解评价方法和流程，能够承担基建管理综合评价的各指标评价、汇总及报送等工作。

正　文

通过量化指标，围绕基建年度重点工作，从基建综合、安全、质量、技术、造价、进度六个方面对基建项目单位的工程建设管理情况进行评价，力求反映基建管理成果、管理水平，分析减分原因，找出管理缺陷，采取有效措施，提高管理水平。

一、组织机构及职责

（一）国网新源公司管理职责

国网新源公司基建部负责基建管理综合评价指标体系的制定以及评价考核工作，是基建管理综合评价的归口管理部门。

（二）基建项目单位管理职责

（1）工程部负责基建管理综合评价日常管理工作，负责基建管理综合评价的具体组织、协调工作，并将自评结果报送新源公司基建部。

（2）分管领导负责组织本单位基建管理综合评价，并审查自查结果。

（3）总经理负责审核、签发本单位基建管理综合评价自查结果。

二、考核评价方法

（1）基建管理综合评价将基建管理绩效评价量化为“基建管理综合评价指标体系”，分基建综合、安全、质量、技术、造价、进度管理六个方面进行评价，总分 600 分，加分项 24 分。

（2）基建综合管理指标分为十一大类 22 项，基建安全管理指标分为四大类 15 项，基建质量管理指标分为四大类 17 项，基建技术管理指标分为八大类 18 项，基建造价管理指标分为三大类 8 项，基建进度管理指标分为三大类 6 项。

（3）基建管理综合评价，采取被评价基建项目单位自评价与国网新源公司基建部评价相结合方式，以国网新源公司基建部评价结果为准。

（4）每年 6、12 月分别对上、下半年基建管理工作开展一次综合评价。各单位要在 6 月 25 日、次年 12 月 25 日前，将自评价结果报送国网新源公司基建部。

具体的评价内容及评分标准详见《国网新源控股有限公司基建管理综合评价管理手册》（新源（基建）G262—2017）。

三、考核评价结果应用

（1）国网新源公司基建部将定期公布评价结果，对综合评价先进单位进行表扬，并作为国网新源公司综合管理对标评价的主要依据之一。

（2）依据各基建项目单位年度综合评价结果，产生“年度基建管理先进单位”若干名，并按国网新源公司相关规定予以表彰。

模块 2 工程设计承包商考核评价（Ⅰ级）

模块描述 本模块介绍工程设计承包商考核评价管理职责、考核评价标准及方法、考核结果应用，通过考核评价工作要点讲解，掌握考核评价方法和流程，能够掌握工程设计承包商考核评价的各指标评价、考核应用等工作。

正 文

一、组织机构和职责

（一）国网新源公司管理职责

基建部负责监督、检查、指导基建项目单位工程设计承包商考核工作。

（二）基建项目单位管理职责

（1）基建部是工程设计承包商考核评价管理的归口管理部门，负责组织对设代人员资格审查、对设计单位及设代人员的考核和评价。

（2）分管分、领导负责批准设计单位考核结果。

二、考核评价方法及标准

（一）设计考核方法

设计考核分为直接考核、综合考核评价、设计合同完工考核评价三种形式。

1. 直接考核

由于设计单位原因发生重大设计变更，且造成损失的，设计单位除负责采取补救措施外，应免收受损失部分的勘察设计费，并按合同条款规定赔偿损失。

2. 综合考核评价

（1）每次合同支付15天前，设计单位按照《国网新源控股有限公司工程设计承包商管理手册》要求开展自评工作，填写设计单位考核细则表、设计工作总结报告，报基建项目单位工程部。

（2）基建项目单位工程部结合设计单位自评情况、监理单位及承包商的反映情况进行最终评价，确定设计单位考核细则表的最后得分，报分管领导批准。

（3）基建项目单位工程部将批准后的考核结果及时反馈设代处。如设计单位对考核结果有异议，应在5日内向基建项目单位申请复议，过期视为同意。

（4）基建项目单位工程部将最终考核结果提供计划合同部，作为设计合同考核基金支付结算办理的依据。

3. 设计合同完工考核评价

在本合同的工程项目建设任务全部完工验收后一个月内，基建项目单位依据设计合同和国家相关法规、标准要求，对设计承包商在工程建设全过程中的设计供应与服务等合同履约工作进行考核评价。评价以本合同设计成果对工程质量、安全、投资、进度的影响程度和项目建设过程中的设计服务状况作为主要考量因素。

（二）考核评价标准

对于一般的设计工作，采用综合评价考核方式。综合评价采用打分制，总分100分，评定分为四个等级，90分以上（包括90分）为优秀，80分以上（包括80分）、90分以下为良好，60分以上（包括60分）、80分以下为合格，60分以下为不合格。

三、考核评价结果应用

详见《国网新源控股有限公司工程设计承包商管理手册》。

思考与练习

1. 基建项目建设单位基建部管理职责有哪些？
2. 设计考核分为哪几种形式？
3. 考核评定的等级是如何确定的？

模块3　工程建设施工监理工作业绩考核评价（Ⅰ级）

模块描述　本模块介绍了工程建设施工监理工作业绩考核评价的管理职责、考核评价标准及方法、考核结果应用，通过对考核评价工作要点讲解，掌握工程建设施工监理工作业绩考核评价的方法和流程，能够了解工程建设施工监理工作业绩考核评价的各指标评价、汇总、评价报告编制及报送等工作。

正文

为规范工程建设施工监理行为，加强工程施工质量、工程进度、施工安全与施工环保及工程造价等的管理，提高监理工作绩效，有效防范各类施工质量、安全事故的发生，持续提升监理单位的管控能力。

一、组织机构及职责

（一）国网新源公司

国网新源公司基建部是工程建设监理工作业绩考核评价的归口管理部门。负责检查、指导基建项目单位的工程建设监理业绩考核管理工作。

（二）基建项目单位管理职责

（1）工程部是工程建设监理业绩考核评价归口管理部门，负责对监理单位总监、副总监和总工进行考勤及监理持证率进行检查，负责日常管理工作、具体组织实施，并将考核评价结果报送新源公司基建部。

（2）安全监察质量部、计划合同部、办公室依据《国网新源控股有限公司工程建设监理管理手册》考核细则对监理工作进行监督考核。

（3）分管领导负责审批监理单位总监、副总监及总工的考勤情况，审查工程建设监理业绩考核评价结果。

（4）总经理负责审批审批监理单位因人员缺勤扣除违约金金额、签发本单位工程建设监理业绩考核评价结果。

二、考核评价方法及标准

（一）考核评价方法

1. 监理人员考勤考核方法

监理人员的考勤执行分级管理制度，专业监理工程师的考勤由总监理工程师（以下简称总监）负责，每月报工程部（物流中心）审查并备案；总监、副总监理工程师（以下简称副总监）的考勤需经基建项目单位工程部（物流中心）主任审核，分管领导批准。

总监及副总监每人出勤率为 20.83 天/月以上，如有特别情况需要请假的，必须事先写好《请假条》，安排相关人员接替后，报基建项目单位工程部（物流中心）主任审核，分管领导批准同意后方可请假。

专业监理工程师每人出勤率必须满足合同要求，如有特殊情况需要请假的，必须事先写好《请假条》，安排相关人员接替后，经总监批准同意后方可休假。

2. 监理单位工作业绩考核评价方法

监理工作业绩考核评价的内容主要是对监理单位就在工程项目建设的安全、质量、进度、技术、投资管控和现场各参建方的协调管理工的考评，考评基础分为 200 分。具体考评内容见《国网新源控制有限公司工程建设管理手册》附表 3 监理工作业绩考评项目及标准。

国网新源公司安全监察质量部、基建部结合每年安全质量检查对基建项目单位工程监理质量、进度、安全、投资、合同、信息、协调进行监督检查。

基建项目单位各职能部门对监理工作应每月至少开展一次监督检查工程部负责对监理的技术管理、进度控制、现场协调工作进行监督检查；安全监察质量部负责对监理的安全文明施工管理、质量控制工作进行监督检查；计划合同部负责对监理的合同管理、投资控制工作进行监督检查；办公室负责对监理的工程档案资料和信息管理工作进行监督检查。如有重要事项或出现工程建设问题，应对监理的相关工作进行专项检查。

季度考评：每季度末 28 日前，基建项目单位工程部组织安全监察质量部、计划合同部、办公室等对监理工作进行考核评价，工程部将监理单位工作季度考核情况汇总，履行审批程序后于每季度初月 5 日前报送国网新源公司基建部备案。

监理合同最终考评：在本监理合同任务全部完成后一个月内，基建项目单位依据监理合同和国家相关法规、标准要求，对监理承包商在工程建设全过程中的监理合同履约服务工作进行考核评价。评价以本合同监理工作对工程质量、安全、投资、进度的影响程度和项目建设过程中的监理服务水平作为主要考量因素。

（二）考核评价标准

季度考评和监理合同最终考评考评结果分为优秀、良好、合格、不合格四个等级，190 分以上（包括 190 分）为优秀，170 分以上（包括 170 分）、190 分以下为良好，150 分以上（包括 150 分）、170 分以下为合格，150 分以下为不合格。

三、考核评价结果应用

（一）监理人员考勤考核结果应用

（1）基建项目单位有权按监理人员的缺勤天数扣除违约金，其扣除标准为：总监、副总监 2 千元/（人·天），其他人员 1 千元/（人·天），最高不超过监理合同总价款的 4%。扣除违约金应由基建项目单位工程部（物流中心）填写《监理人员出勤违约扣款单》，经分管领导审核，总经理批准后在当期计量支付时扣除。

（2）检查中发现持证监理工程师比例不满足要求的，每降低 1%，扣除当季度应付监理费的 1%。

（二）监理单位工作业绩考核评价结果应用

1. 季度考评

详见《国网新源控制有限公司工程建设管理手册》。

2. 监理合同最终考评

详见《国网新源控制有限公司工程建设管理手册》。

思考与练习

1. 基建项目建设单位基建部管理职责有哪些？
2. 监理人员考勤考核方法？
3. 监理单位工作业绩考核标准？

模块4 施工承包商履约考核评价（Ⅰ级）

模块描述 本模块介绍施工承包商履约考核评价管理职责、考核评价标准及方法、考核结果应用，通过施工承包商履约考核评价工作要点讲解，掌握施工承包商履约考核评价方法和流程，能够掌握施工承包商履约考核评价的各指标评价、汇总、评价报告编制及报送等工作。

正文

为全面地对工程建设施工承包商进行合同履约管理，进一步建立施工承包商履约评价与招标管理的联动机制，促进施工承包商提升履约能力水平。

一、组织机构及职责

（一）国家电网公司管理职责

1. 国家电网公司基建部

制定施工承包商考核评价工作相关规章制度，并组织实施；负责核定、发布水电工程施工承包商考核综合评价结果，并提交公司招投标管理部门应用；组织建立水电工程施工承包商信息库，推动评价结果在招标评标工作中的应用；指导、监督、检查和考核各单位水电工程施工承包商考核评价工作。

2. 国家电网公司物资部（招投标管理中心）

负责在“总部直接组织实施”的招标评标活动中应用水电工程施工承包商考核评价结果。

（二）国网新源公司管理职责

（1）负责辖区内水电工程施工承包商考核评价工作的归口管理，贯彻执行公司水电工程施工承包商考核评价工作要求，建立和完善本单位考核评价工作机制；定期对所属水电工程项目的考核评价进行汇总、核实、分析并作出综合考核评价结果；负责定期向国家电网公司基建部报送总部负责考核应用的施工承包商综合考核评价结果；负责发布其余施工承包商综合考核评价结果，并提交本级物资管理部门应用。

（2）物资管理部门（招投标管理中心）负责在“总部统一组织监控、省公司具体实施”的招标评标活动中应用相关的水电工程施工承包商考核评价结果。

（3）项目建设单位职责。负责贯彻执行国网新源公司施工承包商考核评价有关要求，会同监理单位定期组织对本项目各标段工程施工承包商进行考核评价，并向本项目参建单位通报考核评价结果；负责定期向上一级单位基建管理部门报送本项目施工承包商的综合考核评价结果；负责督促施工承包商在考核评价中发现的问题进行整改，并组织对施工承包商整改情况进行跟踪和验收。

二、考核评价方法及标准

（一）考核评价方法

（1）考核评价实行综合评定、分级考核、定期发布。各级考核评价部门每半年对施工承包商考核评价信息进行分析，并及时向有关施工承包商通报其在履约过程中存在的问题，促进施工承包商提高履约能力。

（2）采用分项考评、综合评定的考核评价方法，考核评价内容包括施工承包商的基建安全、质量、进度、技术经济、技术及综合管理六部分，总分为500分，其中：安全、质量管理各120分，进度管理100分，技术管理60分，技术经济管理40分，综合管理60分。考核评分细则见《国家电网公司水电工程建设承包商考核评价管理办法》。

（3）日常检查、管理工作中，凡发现施工承包商考核扣分事项，项目建设单位、监理单位均应及时向施工承包商下达考核通知单，建立台账；督促、跟踪施工承包商及时整改，并组织验收。

（4）项目建设单位会同监理单位每半年对合同签订额在200万元及以上的各标段施工承包商进行半年评价，并分别列出合同签订额在200万元及以上、1000万元及以上两类施工承包商考核评价结果。

（5）项目建设单位考核评价应以考核通知单作为扣分依据，建立考核评价记录和台账，并应具有可追溯、可查证性；及时在本项目参建单位范围内发布考核评价结果，确保考核评价结果真实、客观、准确；定期（6月25日和12月25日前）向国网新源公司基建部报送施工承包商的综合考核评价结果。

（6）国网新源公司基建部对基建项目单位上报的考核评价结果进行复核，分别核定合同签订额在200万元及以上、1000万元及以上两类施工承包商考核评价结果，建立施工承包商考核评价台账，于次月3日前将审定的评价结果书面抄送国网新源公司物资部，并通报施工承包商考核评价结果。

（7）国网新源公司基建部负责将工程项目合同签订额在1000万元及以上的施工承包商考核评价结果（1月12日和7月12日前）报送国家电网公司基建部。

（8）国家电网公司基建部定期（1月16日和7月16日）核定水电施工承包商考核评价结果，及时在国家电网公司电子商务平台发布施工承包商考核评价结果，并提交国家电网公司物资部（招投标管理中心）应用。

（二）考核评价标准

（1）考核评定等级分为A级、B级、C级，按评价所得总分评定，450分（含）及以上为A级，350（含）～450分（不含）为B级，350分以下为C级。

（2）在本级考核评价范围内仅有一个标段施工任务的承包商，其考核评价得分以该标段施工评价为准；同一施工承包商在本级考核评价范围内承担多个标段施工承包任务的，按各项目标段考核评价的最低分作为其综合考核评价得分。

三、承包商考核评价结果应用

通过建立施工承包商考核评价台账，每半年对A级、B级、C级承包商名册进行发布。根据施工承包商考核评价结果，由物资管理部门（招投标管理中心）负责应用于商务评标。

（1）综合考核评价被评为“C 级”的施工承包商，取消一定时期的中标资格，取消中标资格处罚期内的投标作否决处理，具体规定如下：

1）承包商考核评价为“C 级”的，自考核评价结果公布当日起，取消其在国家电网公司系统内的中标资格 6 个月。

2）承包商被连续二次考核评价为 C 级的单位，自第二次评价“C 级”的考核评价结果公布当日起，取消其在国家电网公司系统内中标资格 1 年。

3）承包商被连续三次考核评价为 C 级的单位，自第三次评价“C 级”的考核评价结果公布当日起，取消其在国家电网公司系统内中标资格 1.5 年。

4）承包商被连续四次考核评价为 C 级的单位，自第四次评价“C 级”的考核评价结果公布当日起，取消其在国家电网公司系统内中标资格 2 年。

5）同时 200 万元及以上施工承包商考核评价结果，由国网新源公司物资部（招投标管理中心）负责组织在国网新源公司本级实施的工程施工招标采购中用于商务评标的评分。商务评标的权重为 5%，其中施工承包商考核评价应占商务评标部分的 30%（即权重后得分为 1.5 分）。评级为 A 的承包商考核评价分数为 1.5 分，评级为 B 的考核评价分数为 0 分，评级为 C 的作否决处理。上述要求由项目建设单位负责在招标文件的评标办法中载明，告知购买招标文件的所有投标人；国网新源公司基建部和物资部在审查招标文件时对此条款进行审查确认。

（2）对发生安全事故、质量事故和交通事故的施工承包商及项目经理的出勤率进行严格考核，具体规定如下：

1）对发生施工安全事故的施工单位，自事故发生之日起执行以下处罚：

a. 发生四级安全事件（一般事故），取消国家电网公司系统内 6 个月中标资格。停止中标资格期满后 6 个月内，评标过程中商务分直接扣 0.5 分（权重后）。

b. 发生三级安全事件（较大事故），取消国家电网公司系统 1 年中标资格。停止中标资格期满后 1 年内，评标过程中商务分直接扣 1 分（权重后）。

c. 发生二级安全事件（重大事故），取消国家电网公司系统 2 年中标资格。停止中标资格期满后 2 年内，评标过程中商务分直接扣 1.5 分（权重后）。

d. 发生一级安全事件（特大事故），取消国家电网公司系统 3 年中标资格。停止中标资格期满后 3 年内，评标过程中商务分直接扣 2 分（权重后）。

e. 在取消中标资格期间再次发生安全事故的，可视情况加倍处罚，停止投标时间累计后顺延。

2）对发生工程质量事故的施工单位，自事故责任认定之日起执行以下处罚：

a. 发生一般事故，取消国家电网公司系统内 6 个月中标资格。停止中标资格期满后 6 个月内，评标过程中商务分直接扣 0.5 分（权重后）。

b. 发生较大事故，取消国家电网公司系统 1 年中标资格。停止中标资格期满后 1 年内，评标过程中商务分直接扣 1 分（权重后）。

c. 发生重大事故，取消国家电网公司系统 2 年中标资格。停止中标资格期满后 2 年内，评标过程中商务分直接扣 1.5 分（权重后）。

d. 发生特大事故，取消国家电网公司系统 3 年中标资格。停止中标资格期满后 3 年内，评标过程中商务分直接扣 2 分（权重后）。

e. 在取消中标资格期间再次发生质量事故的，可视情况加倍处罚，停止投标时间累计后顺延。

3）交通事故的施工单位，自事故责任认定之日起执行以下处罚：

a. 在项目工程区域内发生负有事故责任的特大交通事故，取消其在国家电网公司系统内中标资格 1 年。

b. 在项目工程区域内发生负有事故责任的重大交通事故，取消其在国家电网公司系统内中标资格 6 个月。

4）承包商考核期内项目经理出勤率：

a. 半年内项目经理出勤率低于 50%的，取消该施工承包商在国家电网公司系统内中标资格 1 年。

b. 半年内项目经理出勤率低于 70%的，取消该施工承包商在国家电网公司系统内中标资格 6 个月。

思考与练习

1. 简述项目建设单位施工承包商考核评价职责。
2. 施工承包商考核评价包括哪些内容？
3. 施工承包商考核评定等级如何确定？
4. 综合考核评价被评为“C 级”的施工承包商，取消中标资格处罚处理是如何规定的？

第八章　工程尾工、建设管理总结和后评价管理（Ⅱ级）

模块1　工程建设尾工管理

模块描述　本模块介绍了工程尾工管理的概念、原则与相关要求，通过对尾工管理工作要点讲解，掌握抽水蓄能建设尾工管理的工作流程。

正　文

尾工是指在编制基建项目工程竣工决算时，部分不影响主体工程运行和效益发挥并以预估费用纳入竣工决算的项目。尾工项目包括：项目竣工决算时，尚未开工的、已开工但尚未竣工的、已完工但未结算或尚未完成结算审计的所有项目。

一、尾工项目的报批管理

（一）尾工项目的确定

（1）在最后一台机组投产发电后，项目建设单位即应对整个项目建设进展情况进行全面详细的综合梳理，根据项目核准批复时确立的工程建设任务、要求和设计概算执行情况，认真清理未完工程项目和概算投资余额，确立拟实施的尾工项目，编制未完收尾工工程明细表，并编制尾工项目的实施计划安排（包括招标、开工、完工、验收、结算和审计等实施进度计划）。

（2）确定尾工工程项目的原则包括：

1）对不影响主体工程正常运行和效益发挥的未建成的个别单位工程。

2）对不影响工程正常安全运行的由于特殊原因致使少量工程未完成的工程。

3）对验收遗留问题提出处理要求短期内无法完成的工程。

4）经验收具备投产项目的工程项目，原则上不得留有未完工程。如确有未完工程概算项目，可以根据概算项目编报未完收尾工工程建设预算明细表，将预算投资纳入竣工决算，但预计未完收尾工工程的实物工作量和预算费用不得超过总概算的5%。

5）已完成招标、已签订合同或已实施但未完成的工程项目，凡尚未办理结算支付且后续将发生工程结算或费用支付的，其后续计划投资额均应纳入尾工项目计划，并相应列入竣工决算额度内。

（二）尾工项目的报批

（1）项目建设单位工程部根据尾工项目确定原则，在最后一台机组发电后的12～14个月内，编制《×××抽水蓄能电站尾工工程计划表》，经分管领导审核，总经理审批后行文报送国网新源公司基建部。

（2）国网新源公司基建部在2个月内完成审核，经分管领导审批，以公司文件形式下达《×××抽水蓄能电站尾工工程计划的批复》。

（3）基建项目建设单位按照批复的尾工项目投资计划编制工程竣工决算，并组织尾工项目建设的实施。要求在最后一台机组发电后的36个月内完成全部尾工项目建设。

（4）项目竣工决算报告编审完成并经过审计出具正式审计报告后，未完收尾工工程项目不允许变更；一年内尚未实施项目不再预留，全额冲销原挂账金额。

二、尾工工程项目实施管理

（一）尾工项目实施方案

（1）项目建设单位工程部根据国网新源公司基建部批复意见，组织编制《×××尾工工程实施方案》，内容包括：

1）组织措施。

2）技术措施。

3）安全环境保护措施。

4）工期要求。

5）费用预算。

6）附图表（必要时）。

（2）《×××尾工工程实施方案》经项目建设单位工程部主任和计划合同部主任审查，分管领导审核，总经理批准，并填写《×××尾工工程实施方案审批单》后方可实施。

（3）项目建设单位根据《×××尾工工程实施方案》按要相关规定组织各尾工项目的设计、招标、实施、验收等工作。

（二）尾工项目的工期要求

尾工项目实施应在最后一台机组发电后的36个月内全部完成。

（三）尾工项目合同管理

项目建设单位计划合同部根据国网新源公司的《招标采购管理手册》《非招标采购管理手册》和《经济合同管理手册》进行尾工工程合同管理。

（四）尾工项目施工、验收与决算

（1）加强尾工项目设计和监理管理。

1）尾工项目必须有经监理单位审核、盖章签发的设计施工图后才能实施。

2）尾工项目必须实施工程监理制，没有监理的禁止开展施工作业。

（2）尾工实施过程中要加强工程结算管理。

1）要及时办理结算，便于动态管控投资目标，项目完工后3个月要完成标段验收和结算。

2）要检查结算支持性材料的完整性，保证测量、验收、签证、附图等结算基础资料真实、齐全、合规。

3）要及时办理支付，基建项目在最后一台机组发电 3 年后就不再安排投资计划。

4）要严格控制尾工投资计划额，尾工实施时的实际发生额不得超过计划额度。

（3）加强尾工项目的建设档案资料收集、整理、归档工作。

1）项目招标采购、合同商洽、签订等过程资料要及时收集、归档，保证完整齐全。

2）竣工图、工程变更单、质量验收评定等资料要齐全、规范，加盖竣工签章。

3）单个尾工项目实施完成后，要全面梳理检查、及时完善归档相应的竣工档案资料。

模块 2 工程建设管理总结

模块描述 本模块介绍了工程建设管理总结的概念、编制要求、主要结构，通过对工程建设管理总结的要点讲解，掌握抽水蓄能建设管理总结的编制、审查等工作。

正 文

工程建设管理总结是指对已完工工程项目的建设管理（安全、质量、进度、造价技经等）情况进行系统的、客观的总结，全面、真实地反映工程项目建设管理的全过程，凝炼、沉淀、固化工程建设管理各个阶段的成功经验。

一、工程建设管理总结策划管理

项目建设单位工程部，依据《国家重点建设项目总结评价暂行办法》、国家发展改革委《中央政府投资项目后评价管理办法（试行）》、水利部《水利工程建设项目管理规定（试行）》《国家电网公司固定资产投资项目总结评价管理办法》和《大型水利工程项目总结评价实施暂行办法》要求，开展工程建设管理总结工作。

在最后一台机组投入商业运行后一个月内，项目建设单位工程部，牵头组织成立工程建设管理总结编写和审查的组织机构，明确职责和工作目标，最后一台机组投入商业运行后 18 个月内完成总结工作。项目建设单位工程部落实专人牵头负责工程建设管理总结报告编写的协调工作。

工程部结合工程建设的特点（设计、设备、自然条件等），策划并编制《工程建设管理总结大纲》，并会同工程建设管理总结编写人员和审查人员进行讨论确定后，报分管领导审批。项目建设单位工程部根据审查意见，对《工程建设管理总结大纲》进行完善。

二、工程建设管理总结编制管理

（一）编制内容

项目建设单位工程部按照《工程建设管理总结大纲》的要求，组织相关人员编制《工程建设管理总结》，按照分工进行各项内容的编制工作，《工程建设管理总结》内容包括：

第一章 前言

第二章　工程概述

第三章　项目管理

第四章　投资与合同管理

第五章　物资管理

第六章　技术管理

第七章　信息化管理

第八章　工程设计

第九章　工程监理

第十章　竣工验收等

（二）编制要求

（1）项目建设单位工程建设管理总结编制人员，应在日常工作中及时收集、归类、整理并妥善保存与工程总结有关的数据、报告、案例、图表、声像资料等各种信息。

（2）工程建设管理总结编制人员，应运用数据、控制图表等方法，描述所取得的成果和偏差，以增加说服力，并对具有特殊性的案例进行深度分析研究，做到内容详实丰富、理论与实践结合、图文并茂。

（3）项目建设单位应根据本工程特点，确定工程总结编制的重点，总结工程亮点。同时真实反映工程建设过程中出现的问题、失误、缺陷和弱点及改进建议，以供借鉴。

（4）"四新"项目可根据本工程"四新"项目数量、范围和应用程度，可单独设置一篇或将有关内容分解至各篇章，描述"四新"的调研论证、风险分析、培训、应用和效果等。属国内首次应用的"四新"项目，应作重点介绍。

（5）技术案例主要应从设备及系统特点、施工工艺要点、性能指标、暴露出来的问题、防范对策、效果评价等方面进行阐述。

（6）管理案例主要应从安全、节能、环保、效益、规范等方面进行选题，针对案例进行深入剖析。

（7）工程建设管理总结应在建设项目枢纽专项验收前完成。

三、工程建设管理总结审查

《工程建设管理总结》初稿完成后，项目建设单位工程部组织，分管领导主持，有关人员参加的工程建设管理总结审查会，并提出审查意见。编制人员，根据审查意见对《工程建设管理总结》进行完善。完善后的《工程建设管理总结》经总经理审批后，报国网新源公司基建部备案。

模块3　工程项目后评价管理

模块描述　本模块介绍了工程项目后评价的意义、内容、方式与相关要求，通过学习，掌握抽水蓄能建设项目后评价的方法和要点。

正文

一、项目后评估

项目后评估，是指对已经完成的项目（或规划）的目的、执行过程、效益、作用和影响，进行系统的、客观的分析；通过项目活动实践的检查总结，确定项目预期的目标是否达到，项目的主要效益指标是否实现；通过分析评价，达到肯定成绩、总结经验、吸取教训、提出建议、改进工作、不断提高项目决策水平和投资效果的目的。项目后评估位于项目周期的末端，它又可视为另一个新项目周期的开端。

（一）工程建设项目后评估的目的和必要性

工程建设项目的后评估，是指在项目建成投入运营（使用）一段时间后，对建设项目的立项决策、建设目标、设计施工、竣工验收、生产经营全过程所进行的系统综合分析，以及对项目产生的财务、经济、社会、环境等方面的效益和影响及其持续性进行客观全面的再评价。

（1）工程建设项目后评估的目的。包括：① 通过对建设项目的实际情况和预期目标进行对照，考察项目投资决策的正确性和预期目标的实现程度；② 通过对建设项目的建设程序各阶段工作的回顾，查明项目成败的原因，总结建设项目管理的经验教训，提出改进和补救措施；③ 将工程建设项目后评估信息反馈到未来的建设项目中去，改进和提高建设项目实施的管理水平、决策水平和投资效益，为宏观投资计划和投资政策的制定及调整提供科学的依据。

（2）工程建设项目后评估的必要性。为了加快发展速度和提高服务质量和水平，近年来国家先后投入巨额资金进行项目建设。这其中有一大部分项目已建成并投入使用，而且取得了较好的经济效益和社会效益，在发展中发挥着重要作用。但是，也必须看到有一部分建设项目，在建成投入使用或运营后没有取得预期的效益，甚至有的根本就没有效益，与预期目标相差甚远，几年内也不易产生效益。由于存在以上情况，所以对建设项目进行后评估是非常必要的。通过工程建设项目后评估，分析情况，分清原因，根据不同情况采用相应的方法进行处理。对效益好的项目，可以总结经验，为以后类似项目的决策提供可借鉴的经验；对未达到预期效益目标的项目，分析原因，制定相应的改进措施，使其尽快提高效益；对近期无法实现效益的项目，分析具体情况，可改变其原定用途，寻找补救措施，使其发挥作用。

（二）工程建设项目后评估的内容

工程建设项目后评估的范围包括从决策到生产运营（使用）的全过程评估，具体包括目标评估、决策评估、堪察设计评估、建设实施评估、效益评估、发展前景评估、可持性评估等。

（1）目标评估。主要评估项目确定的目标是否按计划要求实现；有无变化及其原因等。

（2）决策评估。主要评估决策正确性、决策依据可靠性、决策过程科学性等。

（3）勘察设计评估。主要评估勘察设计工作的程序和依据；总体设计的指导思想和设计方案的优化情况，以及设计的科学性、技术上的先进性和可行性、经济上的合理性、概算编制的准确性等。

（4）建设实施的评估。评估项目投资的控制情况，项目的资金落实、到位和使用情况；评估设备采购及技术引进是否先进可靠，是否进行合理比选，是否按规定进行采购，技术、设备、材料采购质量及对工程的影响；评估施工组织、工程进度与质量，以及招标投标等情况。

（5）效益评估。主要评估项目设计所确定的技术经济指标实现程度。根据项目特点，可采用财务评价、国民经济评价、社会效益评价、环境效益评价等综合分析，评价项目盈利能力、投资清偿能力、相关产业带动的间接经济效益、项目社会效益是否达到预期效益，项目对区域环境影响是否在预期可控范围内等投资效果。对项目发展前景评估：根据项目现状，找出项目实施中存在的问题，提出改进措施，对项目下一步工作提出建议。

（6）可持续性评估。在项目建设资金投入完成后，对项目既定目标是否能够继续、项目是否可以持续地发展、对各阶段咨询评估单位评估意见采纳情况作出评价，主要评估项目建议书和可行性研究报告阶段咨询单位提出的评估意见，各部门、单位的采纳、执行情况。

（三）工程建设项目后评估的方式

（1）逻辑框架法。逻辑框架法是美国国际开发署在 1970 年开发并使用的一种设计、计划和评估的工具，它是一种综合和系统地研究和分析问题的思维框架，其核心是根据事物的因果逻辑关系，分析项目的效率、效果、影响和可持续性。逻辑框架法着重分析项目目标及因果关系的垂直逻辑和水平逻辑。垂直逻辑是指项目的投入、产出、目标之间相互关系。

（2）有无对比法。在一般情况下，投资活动的“前后对比”是指将项目实施之前与项目完成之后的情况进行不同时点间的对比，以确定项目效益的一种方法。在后评估中则是用来将项目前期的可行性研究和评估的预测结论与项目的实际运行结果相比较，发现变化和分析原因的一种对比方法，这种“前后对比”能够揭示计划、决策和实施的质量。“有无对比”与“前后对比”不同，是在后评估同一时点上，将项目实际发生的情况与若无项目可能发生的情况进行对比，以度量项目的真实效益、影响和作用。对比的重点是分清项目作用的影响与项目以外作用的影响，这里的“有”和“无”指的是评估的对象，即计划、规划或项目，通过项目的实施所付出的资源代价与项目实施后产生的效果进行对比得出项目的好坏。对比的关键是要求投入的代价与产出的口径一致，也就是说，所度量的效果要真正归因于项目。实际上，很多项目特别是大型项目，实施后的效果不仅仅是项目的作用，还有项目以外多种因素的影响，简单的前后对比不能得出项目效果的真实结论。

（3）综合评价法。项目后评估的综合评价方法通常采用成功度评估的方法。成功度评估是依靠评估专家或专家组的经验，综合后评估各项指标的评估结果，对项目的成功程度作出定性的结论。成功度评估以逻辑框架法分析的项目目标的实现程度和经济效益分析的评估结论为基础，以项目的目标和效益为核心所进行的全面系统的评估。

（四）工程建设项目后评估应注意的问题

在工程建设项目后评估过程中，细节问题往往影响后评估结果的准确性，甚至会影响后评估工作能否顺利地进行。因此，在实践中值得企业注意并需要妥善处理。首先是后评估时点的选择问题。虽然后评估时点从总体上应该选择在项目竣工验收或投入使用之后，但是，由于不同类的建设项目，其建设期、回收期往往存在较大的差异，即使对同一类项目，其短期收益和长期收益也会有所不同。所以，后评估时点应根据不同项目的特点灵活选取。这时，后评估时点选择的得当与否，就成为影响后评估结果有效性的关键因素。

（五）工程建设项目后评估的相关信息、数据资料的收集问题

后评估工作能否顺利进行，评估结果是否全面、准确，一个关键的影响因素是项目相关信息资料是否完整。这些资料不仅包括项目前评估的相关书面资料，以及建设实施、竣工验收过程中外部环境变化的相关记录，甚至是必要的市场调查资料。对于前者，国网新源公司需要建立规范的项目资料收集及备案管理制度加以保证；而对于后者，则需要国网新源公司通过建立必要的战略环境预警系统和经营分析系统来获得。

思考与练习

1. 什么是工程项目后评估？
2. 工程建设项目后评估的目的和必要性是什么？
3. 综合评价体系的优缺点是什么？

第二篇 | 工程技术管理

第九章 工程设计管理

模块1 水工设计技术标准和规范管理（Ⅰ级）

模块描述 本模块介绍水工设计技术标准和规范（含强制性条文），通过条文解释和要点讲解，能正确应用水工设计主要技术标准和规范（含强制性条文），依据设计方案，具备识图能力。

正 文

一、水工建筑物相应设计规范

抽水蓄能电站水工建筑物一般由上水库、下水库、引水系统、地下厂房、出线场等组成（如图9–1所示）。

图9–1 抽水蓄能电站水工建构筑物

（一）上、下水库

上、下水库一般由大坝、防渗体、进出水口、排水廊道等组成。

1. 大坝

比较常见的大坝有混凝土坝和土石坝两大类。

混凝土坝又分为重力坝、拱坝和支墩坝 3 种类型。重力坝依靠坝体自重与基础间产生的摩擦力来承受水的推力而维持稳定；拱坝为一空间壳体结构，平面上呈拱形，凸向上游，利用拱的作用将所承受的水平载荷变为轴向压力传至两岸基岩，两岸拱座支撑坝体，保持坝体稳定；支墩坝由倾斜的盖面和支墩组成。

土石坝包括土坝、堆石坝、土石混合坝等，又统称为当地材料坝。它具有就地取材、节约水泥、对坝址地基条件要求较低等优点。一般当地材料坝由坝体、防渗体、排水体、护坡 4 部分组成。

2. 防渗体

防渗主要包括库盆防渗（沥青混凝土面板、钢筋混凝土面板、黏土防渗、土工合成材料防渗等）、面板防渗和帷幕防渗。

沥青混凝土面板是沥青掺杂一些颗粒骨料通过级配后进行浇筑的防渗面板，其具有柔性强、高温不流淌等特点。例如，河南宝泉抽水蓄能电站上水库就采用沥青混凝土护坡防渗。

钢筋混凝土防渗面板顾名思义就是利用钢筋和混凝土浇筑而成的防渗面板。例如，河南宝泉抽水蓄能电站下水库大坝上游面采用钢筋混凝土防渗面板防渗，上水库副坝上游采用钢筋混凝土护面形成完整封闭的防渗体系。

黏土防渗对地基基础要求比其他防渗材料低，当地基发生微量变形时，黏土在其自重作用下会自行愈合，若当地土料丰富、基础覆盖较深，可以使用黏土进行防渗。假如，河南宝泉抽水蓄能电站上水库库底采用黏土护底防渗。

土工合成材料的防渗性能主要由所采用的材料的防渗性能决定，具有延伸性好、质地柔软、适应变形能力高、耐低温腐蚀等特点，在防洪抢险工程中可以取得良好的防渗效果，受到了广大工程人员的高度重视。例如，南水北调中线工程渠坡、渠底垫层与混凝土面板之间铺设有土工膜，土工膜起到阻止渠水外渗作用。

帷幕防渗是通过在大坝基岩中灌浆建造一道连续、完整、小于基岩渗透性、平面上呈条带状、立面上形似舞台上帷幕的结构达到防渗效果的一种防渗手段。例如，河南宝泉抽水蓄能电站下水库采用帷幕防渗，坝基帷幕灌浆布置在灌浆廊道内，并通过原有坝体向左右岸灌浆洞延伸。廊道内帷幕灌浆孔呈双排布置，排距 1.1m，孔距 2m，其他部位帷幕灌浆孔呈单排布置，孔距 2m，钻孔全部为垂直孔。

3. 进出水口

进出水口分为有压进出水口和无压进出水口。抽水蓄能电站一般都是有压进出水口，常见的进出水口形式有斜坡式、岸塔式、竖井式、塔式，主要设备有拦污栅、闸门、启闭机、通气孔及充气阀等。

4. 排水廊道

排水廊道是设置在坝内的通道，有进出口通向坝外，纵向、横向及竖向（称竖井）都互相连通，构成廊道系统。坝内廊道设置，应兼顾基础灌浆、排水、安全监测、检查维修、运行操作、坝内交通、施工期的需要等多种用途。

（二）引水系统

引水系统是将发电用水输送给水轮发电机组而专设的水工建筑物。有时也将与水电站机组引水直接有关的水电站进水口和前池、调压室等平水建筑物包括在水电站引水建筑物中，并合称为水电站引水系统。引水系统目前衬砌形式有钢筋混凝土衬砌、钢板衬砌。例如，河南宝泉抽水蓄能电站引水系统采用一洞两机布置，由上水库进出水口、上平段、上斜井段、中平洞、下斜井段、下平段、岔管段、高压支管组成。1～4 号高压支管钢衬长分别为 98.79、106.3、113.83、121.37m，管径为 3.5～2.3m。除上斜井内套钢衬及高压支管采用钢衬结构外，其余引水隧洞均为钢筋混凝土衬砌结构。上、下水库进出水口均采用侧向岸坡竖井式布置。

（三）地下厂房

地下厂房是整个电站的核心，其主要由主、副厂房、主变压器洞、母线洞和尾水闸门洞、进场交通洞、500kV 电缆竖井等组成。

（四）出线场

抽水蓄能电站的出线场是专指水电站发出的电能，经过变压设备调试后，向各地输送电能的供电中心。它一般设置在水电站的附近地面，这样可以减少供电线路的密度，节省资源、便于管理。出线场道路即电能传输设置的通道等。

（五）水工建筑物设计规范

1. 上、下水库

（1）《混凝土重力坝设计规范》（DL 5108）。

（2）《碾压式土石坝设计规范》（DL/T 5395）。

（3）《混凝土面板堆石坝设计规范》（DL/T 5016）。

（4）《土石坝沥青混凝土面板和心墙设计规范》（DL/T 5411）。

（5）《溢洪道设计规范》（DL/T 5166）。

（6）《水电站进水口设计规范》（DL/T 5398）。

2. 引水系统

（1）《水工隧洞设计规范》（DL/T 5195）。

（2）《水电站引水渠道及前池设计规范》（DL/T 5079）。

（3）《水电站调压室设计规范》（DL/T 5058）。

3. 地下厂房

《水电站厂房设计规范》（SL 266）。

4. 出线场

《220kV～500kV 变电所设计技术规程》（DL/T 5218）。

二、其他水工需要了解的设计标准和规范

水工其他需要了解的标准和规范分为总体设计、水文气象设计、动能规划设计、工程地质勘察设计等。

（一）总体设计规范（见表 9–1）

表 9–1　　总体设计规范

规范名称	重点掌握	适用范围及阶段
《水电工程预可行性研究报告编制规程》（DL/T 5206—2005）	预可行性研究报告编写的内容、深度、要求及工作程序	适用于新建、扩建的抽水蓄能电站工程预可行性研究报告的编制
《水电工程可行性研究报告编制规程》（DL/T 5020—2007）	可行性研究报告编写的内容、深度、要求及工作程序	适用于新建、扩建的抽水蓄能电站工程可行性研究报告的编制
《水电工程招标设计报告编制规程》（DL/T 5212—2005）	招标设计报告编制工作内容和深度，以及报告的编写要求	适用于新建、扩建的抽水蓄能电站工程招标设计报告的编制
《抽水蓄能电站设计导则》（DL/T 5208—2005）	抽水蓄能电站工程勘测设计的指导原则和技术要求	适用于大中型抽水蓄能电站工程的设计
《水电工程建设征地移民安置规划设计规范》（DL/T　5064—2007）	移民安置规划设计的程序和内容	适用于抽水蓄能电站预可行性研究报告、可行性研究报告和移民安置实施等阶段建设征地移民安置规划设计工作
《水利水电工程劳动安全与工业卫生设计规范》（DL 5061）	工程项目中如何符合劳动安全卫生的要求	适用于新建、扩建及改建的大、中型抽水蓄能电站

（二）水文气象设计（见表 9–2）

表 9–2　　水文气象设计

规范名称	重点掌握	适用范围及阶段
《防洪标准》（GB 50201—2014）	水利水电工程如何对防御暴雨洪水、混合洪水进行规划、设计、施工和运行管理	适用于抽水蓄能电站防洪设计
《水电水利工程水文计算规范》（DL/T 5431—2009）	水电水利工程水文计算工作内容和技术要求	适用于抽水蓄能电站招标和施工详图设计阶段水文计算
《水电水利工程泥沙设计规范》（DL/T 5089）	水库泥沙设计要求、计算方法，水电水利枢纽防沙设计，河道变形预测及泥沙观测规程	适用于抽水蓄能电站可行性研究阶段工程泥沙设计
《水利水电工程水情自动测报系统设计》（DL/T 5051）	水利水电工程水情自动测报系统的设计技术要求	适用于抽水蓄能电站水情自动测报系统的设计

（三）动能规划设计规范（见表 9–3）

表 9–3　　动能规划设计规范

规范名称	重点掌握	适用范围及阶段
《水利水电工程动能设计规范》（DL/T 5015）	电站建设必要性、装机容量选择、特征水位选择、水源分析、泥沙分析、运行方式与能量指标、工程特征值的计算方法	适用于抽水蓄能电站规划阶段电站规模及修建必要性设计
《水电枢纽工程等级划分及设计安全标准》（DL 5180—2003）	抽水蓄能电站的工程等别划分、水工建筑物级别划分的技术指标，以及水工建筑物的洪水设计标准、安全超高、抗震设计标准	适用于抽水蓄能电站工程等级划分及设计安全标准设计

续表

规范名称	重点掌握	适用范围及阶段
《河流水电规划编制规范》（DL/T 5042—2010）	抽水蓄能电站水能资源开发规划或水力资源开发规划的技术要求及报告编写要求	适用于抽水蓄能电站规划的编制及修编
《抽水蓄能电站选点规划编制规范》（NB/T 35009—2013）	抽水蓄能电站选点规划工作程序、工作内容、技术要求及报告编写要求	适用于抽水蓄能电站选点规划的编制及修编工作
《水库调度设计规范》（GB/T 50587—2010）	抽水蓄能电站水库调度设计原则及基本内容	适用于抽水蓄能电站水库调度设计

（四）工程地质勘察设计规范（见表 9–4）

表 9–4　　工程地质勘察设计规范

规范名称	重点掌握	适用范围及阶段
《水利水电工程地质勘察规范》（GB 50487—2008）	规划阶段、可行性研究阶段、初步设计阶段、招标设计阶段、施工详图设计阶段、病险水库除险加固工程各设计阶段地质勘察技术要求	适用于规划阶段、可行性研究阶段、初步设计阶段、招标设计阶段、施工详图设计阶段、病险水库除险加固工程阶段地质勘察
《水电水利工程区域构造稳定性勘察技术规定》（DL/T 5335—2006）	工程区域构造稳定性勘察的内容、技术要求及评价标准	适用于抽水蓄能电站的区域构造稳定性勘察工作
《水电水利工程坝址工程地质勘察技术规程》（DL/T 5414—2009）	坝址工程地质勘察的内容、方法、坝址工程地质评价，以及施工地质工作等方面的技术要求	适用于抽水蓄能电站工程坝址工程地质勘察
《水电水利工程地下建筑物工程地质勘察技术规程》（DL/T 5415—2009）	地下建筑物工程地质勘察的内容、方法和工程地质评价及施工地质工作要求	适用于抽水蓄能电站地下建筑物工程地质勘察
《水电水利工程水库区工程地质勘察技术规程》（DL/T 5336—2006）	水库区及规划移民区工程地质勘察的内容、方法和技术要求	适用于抽水蓄能电站水库区的工程地质勘察
《水电水利工程边坡工程地质勘察技术规程》（DL/T 5337—2006）	边坡工程地质勘察的内容、方法和技术要求	适用于抽水蓄能电站边坡工程地质勘察

三、工程建设标准强制性条文

工程建设强制性条文是工程建设过程中的强制性技术规定，是参与建设活动各方执行工程建设强制性标准的依据。执行工程建设强制性条文，既是贯彻落实《建设工程质量管理条例》的重要内容，又是从技术上确保建设工程质量的关键，同时也是推进工程建设的标准体系改革所迈出的关键的一步。强制性条文的正确实施，对促进房屋建筑活动健康发展，保证工程质量、安全，提高投资效益、社会效益和环境效益都具有重要的意义。

《国网新源控股有限公司工程建设强制性条文执行管理手册》中强制性条文包括国家现行有效的工程建设标准强制性条文（电力工程部分）和国网新源控股有限公司抽水蓄能电站工程建设补充强制性条文。

【案例 9–1】《水电站调压室设计规范》（DL/T 5058）强制性条文

（1）调压室断面面积应满足稳定要求，高度应满足涌波要求。

（2）溢流式调压室，应按最大溢流量进行泄水道设计。

（3）调压室最高涌波水位以上的安全超高不宜小于 1m。上游调压室最低涌波水位与调压室处压力引水道顶部之间的安全高度应不小于 2～3m，调压室底板应留有不小于 1.0m 的安全水深。下游调压室最低涌波水位与尾水管出口顶部之间的安全高度应不小于 1m。

【案例 9–2】《水电站进水口设计规范》（DL/T 5398）强制性条文

进水口为挡水建筑物时，应进行沿建基面的整体抗滑稳定计算和地基抗压承载力设计。对于存在深层软弱面的地基，尚应核算深层抗滑稳定。塔式进水口尚应进行整体抗倾覆和抗浮稳定计算。

思考与练习

1. 上、下水库及引水系统需要参考的设计规范有哪些？
2. 抽水蓄能电站选点规划工作程序及工作内容是什么？
3.《混凝土面板堆石坝设计规范》（DL/T 5016）强制性条文是什么？

模块 2　水工技术方案审查（Ⅱ级）

模块描述　本模块介绍工程项目技术方案管理的主要工作，通过要点讲解，结合实际工程中技术管理具体事项及工作重点，具备审查一般技术方案、解决基本技术问题的能力。

正　文

水工技术方案是为研究解决水利（水电）工程各类技术问题，有针对性、系统性地提出的方法、应对措施及相关对策。其内容可包括科研方案、计划方案、规划方案、建设方案、设计方案、施工方案、施工组织设计、投标流程中的技术标文件、大型吊装作业的吊装作业方案、生产方案、管理方案、技术措施、技术路线、技术改革方案等。如工程招标设计报告内的 10 项专题设计报告及导截流方案、高边坡开挖支护施工方案、坝体填筑施工方案、面板施工方案、防渗体施工方案、水库初次充水方案、引水斜井（竖井）开挖支护施工方案、引水斜井（竖井）衬砌及灌浆施工方案、尾水隧洞开挖支护施工方案、尾水隧洞衬砌灌浆施工方案、地下厂房顶拱开挖及支护、岩锚梁开挖施工方案等重大技术方案。

水工技术方案的审查内容主要有依据合理性、技术可行性、安全可靠性、环境保护协调及经济效益等方面。

一、招标设计报告要点讲解

1. 生态环境规划设计专题报告

审查重点：设计单位需要在报告中阐述河流的总体生态功能，由于对河流大量开发、兴建水利工程，以及水库运行有可能对生态系统产生的威胁。进行生态环境规划需要考虑生态的整体性、稳定性、多样性、复杂性、异质性和连通性，不同尺度空间生态规划的现实性、合理性与实效性。

2. 土石方平衡设计专题报告

审查重点：设计单位需在报告中说明各部位开挖项目、开挖工程量、流向、利用量和弃置数量；说明土石填筑项目、填筑工程量、分区分高程要求、开挖利用料来源、直接利用量、中转回采量；说明加工开挖利用料的来源、直接加工量、中转回采量和弃置数量；说明工程区堆砌渣场的布置、容量（存渣和弃渣）。对主要土建标提出工程开挖料利用规划的实施措施。

3. 渣场设计专题报告

审查重点：渣场设计时需依托土石方平衡及开挖料利用规划为基础，深化堆弃渣场规划；说明各渣场位置（平面和高程范围）及容量、渣料来源、堆弃渣量、回采渣量，以及渣场渣料动态平衡的成果；还需完善渣场的排水、挡护等工程措施，提出主要工程量；确定渣场分标使用规划。

4. 用水系统及施工用水的设计专题报告

审查重点：设计单位需在报告中说明生产及生活用水规模，抽水蓄能电站还应考虑初期蓄水要求。列出生产用水和生活用水用户需水量表。选定取水水源。需确定水厂设置方案（包括水厂形式、平面布置、主要设备、工程量及建筑面积）和数量、各厂规模、厂址、水源、供水范围和供水量，以及建设运行和维护管理安排。需说明主要供水管路系统布置，供水分标接口划分；估列设备和材料清单及主要工程量。对单独招标的大型水厂必要时需进行结构设计。

5. 用电系统及施工用电的设计专题报告

审查重点：设计单位需在报告中说明施工用电高峰负荷及年用电量。确定供电电源、输变电方案、施工变电站站址，估算主要工程量和建筑面积。选定自备电源方案。确定场内输电电压等级、回路及布置、用户接口方式，以及建设、运行和维护管理安排。还需规划施工区照明系统，估算负荷和主要设备。对于单独招标的施工变电站必要时需进行电工、结构设计。

6. 表层土在水土保持上的利用设计专题报告

审查重点：设计单位需对工程区的地形、地貌及地理位置进行研究，得到工程区表层土现状。需根据工程区需要种植的植物面积对表层土需求量及表层土利用量进行计算分析，提出表层土堆存场布置管理措施及挡护措施，并进行表层土利用及总体平衡分析，确保工程区的表层土资源处于平衡状态。

7. 水土保持设计标准与方案设计专题报告

审查重点：设计单位的报告应该形式合格，图表齐全。水土流失防治标准和技术规范中的强制性条款要得到正确贯彻与应用，达到设计深度要求。拦渣、护坡、排洪等重要水土保持工程安全可靠，总体措施布局合理、防治有效。水土保持各项投资概（估）算合理，能保证水土保持方案的实施到位，工程管理措施针对性强，便于操作。

8. 环境保护设计标准与方案设计专题报告

审查重点：设计单位需在报告中说明工程对环境的影响，环境保护设计任务及目标。提出施工期生活污水治理措施、垃圾处理措施、大气污染及噪声污染防治措施、对植被影响的恢复与保护措施、对野生动物保护措施。提出环境保护宣传途径，需要包含运行期环境保护设计、环境监测设计和环境保护投资概算。

9. 视觉环境规划专题报告

审查重点：设计单位需在报告中说明建筑表皮视觉概念方案设计、景观园林概念方案设计、建筑室内概念方案设计、企业文化目视化系统概念方案设计、标识导视系统概念方案设计、设备及管道色彩概念方案设计和安全规范目视系统概念方案设计的相关内容；开展视觉景观影响评价，并对所涉及内容进行整体项目造价估算，通过规划设计，将电站打造成为行业企业文化的宣传窗口。

10. 场内排水系统规划设计专题报告

审查重点：设计单位需在报告中说明主要施工场地的防洪标准，依据水文气象部门的数据，推算可能的最大来水量，采取针对性强的防洪、排水措施并给出主要工程量，并做到对生态环境的影响降到最低。完善生产生活污水处理厂的布置规划。

二、水工技术方案审查流程

1. 由国网新源公司基建部审批的设计文件审查工作流程

（1）项目建设单位组织内部初审，并组织设计单位按初审意见修订。

（2）项目建设单位将经内部审查确认的设计文件报送国网新源公司基建部。

（3）国网新源公司基建部组织设计文件审查并提出审查意见。

（4）项目建设单位根据国网新源公司基建部审查意见，组织设计单位开展相关设计修订工作，经项目建设单位审查确认后，将设计文件审定稿报送国网新源公司基建部审批。

2. 由技术中心评审、国网新源公司基建部审批的设计文件审查工作流程

（1）项目建设单位组织内部初审，并组织设计单位按初审意见进行修订。

（2）项目建设单位将经内部审查确认的设计文件及时报送国网新源公司基建部，同时向技术中心提交待审设计文件，要求报送国网新源公司基建部与送交技术中心的设计文件资料应为同一版本。

（3）由国网新源公司基建部主持、技术中心组织，项目建设单位、设计单位、监理单位参加，召开设计文件评审会。

（4）技术中心提出评审意见报送国网新源公司基建部。

（5）国网新源公司基建部向项目建设单位、技术中心印发审查意见。

（6）项目建设单位根据国网新源公司基建部审查意见，组织设计单位开展设计文件

修订工作。经项目建设单位审查确认后，将设计文件审定稿反馈技术中心。

（7）项目建设单位将设计文件审定稿报送国网新源公司基建部备案。

3. 由技术中心评审的主体标招标文件技术部分审查工作流程

（1）项目建设单位组织内部初审，并组织设计单位按初审意见修订。

（2）项目建设单位将经内部审查确认的主体标招标文件技术部分向技术中心提交。

（3）技术中心收到设计文件后，及时组织评审。

（4）技术中心提出评审意见后提交项目建设单位并报送国网新源公司基建部。

（5）项目建设单位组织设计单位按技术中心评审意见修订设计文件，经项目建设单位审查确认后，将设计文件审定稿报送国网新源公司物资部、基建部审查。

4. 基建生产差异性条款

解读：由于部分建设、运行、设计、验收、生产等标准文件中存在条款差异，不能有效指导电网建设，以电网工程全寿命周期内公司整体利益最大化为原则，按照有利于技术进步和合理控制工程造价的思路，对输电线路、变电各专业相关规程规范条款进行了广泛调研、专家研讨、跨专业专题研究，形成此条款。

5. 通用设计应用

解读：为进一步加强和规范通用设计、通用设备等基建标准化建设成果在输变电工程中的应用，使通用设计、通用设备等标准化建设成果得到充分、合理、有效的应用，搭建成果与建设管理、设计、设计评审等专业使用者的“桥梁”，切实抓好输变电工程设计和评审关键环节工作，进一步提高使用水平，特制定电力行业通用设计。

【案例 9–3】基建生产差异性条款

例如，在工程施工中需要选择接地材料，那么可以在《基建生产差异性条款》中找到“关于接地材料的选择”项，根据此项要求进行材料选择。

【案例 9–4】基建生产差异性条款

例如，在工程建设中需安装照明配电箱，但是安装高度不太确定，这样应参照《基建生产差异性条款》中“关于照明配电箱的安装高度”项执行。

模块 3　设计方案管理（Ⅱ级）

模块描述　本模块介绍工程项目设计方案管理的主要工作，通过要点讲解，结合实际工程中设计方案管理具体事项及工作重点，具备初步审核设计方案的能力。

正 文

设计方案管理需掌握项目初步设计评审管理、设计交底管理、施工图会审管理、设计变更管理等一些管理流程。

一、招标设计评审管理

招标设计及施工图设计阶段水电工程勘察设计合同签订后 2 个月内，工程部督促设计单位完成《工程招标设计（施工图设计）阶段勘察设计工作大纲》的编制工作，上报项目建设单位。项目建设单位收到勘察设计工作大纲14天内，工程部组织相关部门召开勘察设计工作大纲审查会，形成《工程招标设计（施工图设计）阶段勘察设计工作大纲审查意见》，审查意见经分管领导签发后，发送设计单位。设计单位根据审查意见及时修订完善勘察设计工作大纲，并报工程部备案。招标设计报告的编审执行《工程建设招标设计报告编制手册》。

二、设计交底管理

项目建设单位（或委托监理单位）协调确定设计交底时间、议题、参会单位及人员，并于设计技术交底会召开前7天（应在施工图纸内部审查完成后），下发《设计技术交底会议通知》。会议由监理单位总监理工程师（副总监理工程师）主持，会议开始由设计单位介绍设计意图、工艺布置与结构特点、工艺要求、施工技术要求与有关注意事项；然后设计单位就有关单位提出图纸中的疑问、存在的问题和需要解决的问题进行答疑（监理单位应汇总各参建单位提出的疑问及问题，提前3天转发设计和项目建设单位），各参会单位针对问题进行研究与协商，拟订解决问题的方法。最后监理单位根据会议内容编写《设计技术交底会议纪要》，经总监理工程师批准后，发至参加设计技术交底会议的各单位。项目建设单位工程部/机电部（物流中心）监督设计单位落实解决办法执行情况。

三、施工图会审管理

工程部/机电部（物流中心）在召开图纸审查前 10 天，通知监理单位及施工/安装等单位应分别组织专业审查及内部审查，并提出内部审查意见。然后工程部/机电部（物流中心）组织设计、监理、施工单位及有关人员参加设计文件与施工图纸正式审查会，会议上设计单位对之前项目建设单位内部审查的意见进行解答。审查会结束后，形成设计文件与施工图纸审查意见，工程部/机电部（物流中心）以公司部门文件形式发送设计单位。设计单位在10天内按审查意见修订设计文件与施工图纸，并提交项目建设单位。项目建设单位按《工程建设文件、图纸与技术资料管理手册》的有关规定进行签收、审核、发放等工作。

四、设计变更管理

设计变更是指在施工图设计阶段，由设计单位提出对已发出的施工设计阶段设计文件（含设计图纸及相关文件资料等）的改变，包括调整、补充和优化。

设计单位在项目建设管理信息系统中提出《工程设计（修改）通知单（设计单位）》，估算变更工程量和费用。估算变更费用增加超过 100 万元及以上的项目，在设计单位正式发出修改文件前，应通过《工作联系单》提交项目建设单位工程部，经书面回复确认后方可正式发出《工程设计（修改）通知单（设计单位）》，由监理单位复核、会签变更文件，签署意见盖章后提交基建单位（工程变更估算在10万元以下的，由工程部专工批准；工程变更估算在10万元及以上、20万元以下的，由工程部负责人批准；工程变更估算费用在20万及以上、50万元以下的，由项目建设单位分管领导批准；工程变更估算费用在50万及以上的，由项目建设单位总经理批准，经监理单位下发实施）。

思考与练习

1. 水工9项设计专题是什么？审批流程是什么？
2. 设计交底管理流程是什么？
3. 施工图会审管理流程及重点是什么？
4. 一般设计变更管理流程是什么？

模块4　重大技术方案审查（Ⅲ级）

模块描述　本模块介绍项目重大设计变更、重大技术方案工作流程、工作重点及注意事项，通过要点讲解、案例分析，具备审查重大设计方案、技术方案的能力，提出意见和建议。

正　文

一、重大技术方案管理

（一）抽水蓄能电站水工重大施工技术方案

抽水蓄能电站水工重大施工技术方案主要包括导截流方案、高边坡开挖支护施工方案、坝体填筑施工方案、面板施工方案、防渗体施工方案、水库初次充水方案、引水斜井（竖井）开挖支护施工方案、引水斜井（竖井）衬砌及灌浆施工方案、尾水隧洞开挖支护施工方案、尾水隧洞衬砌灌浆施工方案、地下厂房顶拱开挖及支护、岩锚梁开挖施工方案等。

1. 导截流方案

导截流的目的是使水工建筑物能保持在干地上施工，用围堰来维护基坑，并将水流引向预定的泄水建筑物泄向下游。

审查重点：导流标准的选择、度汛方案、围堰类型及规模，导流建筑物级别、导流方式、导流时段及流量，对于施工期有防汛任务的还要特别注意编制审查度汛方案、基坑排水（干地施工）方案。

2. 高边坡开挖支护施工方案

审查重点：地形复测与设计差异，开挖坡比符合设计要求，开挖后边坡满足稳定性计算，爆破设计参数结合现场石质、岩层产状、结理裂隙的发育程度和现场试验确定，支护方式满足稳定性要求，地下水丰富区域做好排水措施，制定安全、环境保护、节约措施。

3. 坝体填筑施工方案

审查重点：施工准备（如施工道路）应满足施工强度要求，施工机具应满足运输能力、摊铺厚度及碾压设计强度要求，坝料应进行碾压试验并经监理工程师签字，坝壳与岸坡接合部位、分区材料接合部位、分期分段填筑时纵横向接合部位、斜坡部位等的铺料与碾压需符合设计及试验要求，冬雨期施工应有防止大雨冲刷坝体、坝坡及防止冰冻破坏的措施。

4. 面板施工方案

审查重点：斜坡垫层碾压试验、渗透试验应符合要求，面板材料场外摊铺试验满足设计、施工要求，面板分块分区科学、合理，接缝及连接接头处理方案经过审核，止水设计满足防渗要求，温度控制防裂措施能够保证施工质量。

5. 防渗体施工方案

防渗体布置符合设计要求，摊铺、碾压方案应经过试验确定，防渗接头处理应经专门设计，渗透试验满足防渗标准。

6. 水库初次充水方案

审查重点：引水隧洞水位上升速率及上水库水位上升速率严格满足设计要求，机组水泵工况启动应进行试验，水泵水轮机在低扬程区间运行时可能出现振动严重、噪声大、输水轴超载等问题，需制定相应措施，机组监控及水工监测方案获得设计认可。

7. 引水斜井（竖井）开挖支护施工方案

审查重点：地质勘探资料完整，一类供电电源、通风及通（排）水设施可靠，出渣线路及弃渣位置合理，开挖方法、支护方案应与围岩类别及隧洞结构形式相适应，爆破作业符合设计规范及安全要求，对特殊不良地段（断层、碎石破碎地段）应有专项施工方案，施工过程中对可能出现的岩爆、涌水等不良地质问题，制定有详细的预防处理措施，环境保护措施及安全文明施工措施制定完善。

8. 引水斜井（竖井）衬砌及灌浆施工方案

审查重点：衬砌形式、厚度满足设计计算要求，模板支护及混凝土浇筑方案满足高陡施工条件，风、水、电应有专门设计，回填灌浆及固结灌浆设计符合规范要求，渗漏控制满足设计要求。

9. 尾水隧洞开挖支护施工方案

审查重点：施工风、水、电布置合理可靠，施工支洞选择便于出渣且结构安全，开挖方法适应地质条件，施工工艺应避免超挖、欠挖，支护强度需满足围岩变形要求，闸门井及进出水口高边坡支护措施满足设计要求，为防止地下涌水，排水设计应满足排泄能力。

10. 尾水隧洞衬砌灌浆施工方案

审查重点：衬砌形式、厚度满足设计计算要求，制定不良地质条件处理方案（如有），回填灌浆及固结灌浆设计符合规范要求。

11. 地下厂房顶拱开挖及支护

审查重点：顶拱分序、分区开挖方法科学、合理，地质探测应全面准确，开挖钻爆方案与地质条件相适应，为控制好顶拱开挖质量和减小爆破震动对围岩的破坏，应有专项爆破试验，支护应与施工同步跟进，对可能出现的不良地质条件（渗水通道、破碎带）制定应急处理措施，排水措施满足要求，安全监测方案切实可行。

12. 岩锚梁开挖施工方案

审查重点：岩台开挖预留保护层厚度满足防裂要求，锚杆位置、深度等满足设计要求，进行锚杆注浆试验，梁体钢筋混凝土模板及支撑需经专门计算。岩锚梁混凝土属于大体积混凝土范畴，混凝土施工应制定严格温度控制措施。

（二）重大技术方案工作流程

项目建设单位工程部督促监理单位组织施工单位，在项目实施前3个月，编制完成重大施工技术方案。施工单位编制完成重大施工技术方案，提交监理单位。监理单位收到重大施工技术方案28天内完成审查，审查意见经总监理工程师审批后上报项目建设单位。工程部收到监理单位关于重大施工技术方案的审查意见后10天内，召开工程重大施工方案审查会，组织设计单位、监理单位、施工单位及专家（必要时）对施工单位编制的重大施工技术方案进行论证和审查，形成重大施工技术方案审查意见。审查意见经工程部主任审核，分管领导审批后，下发监理单位，然后由监理单位将审查意见分发相关参建单位。工程部督促监理单位组织施工单位根据审查意见，在10天内对重大施工技术方案进行补充、更改、完善，形成最终重大施工技术方案，报监理和工程部备案。

二、重大设计变更管理

重大设计变更是指涉及工程安全、质量、功能、规模、概算，以及对环境、社会有重大影响的设计变更。

（一）水工重大设计变更

水工重大设计变更包括工程开发方式、开发任务及工程规模的变化；水库特征水位、水库调度运行方式重大改变；工程等别及主要建筑物设计安全标准的变化；坝、厂址及其主要建筑物场址的变化；主要建筑物的布置或结构方案的改变；增加或取消重要的单体水工建筑物；主要筑坝材料料源方案的改变；施工导流方式或导流建筑物方案的变化；工程总进度及主要控制进度的变化。

（二）重大设计变更工作流程

设计单位提出重大设计变更，经研究论证和设计单位内部审查通过，填报抽水蓄能电站重大设计变更申请表、重大设计变更专题报告等相关设计文件，通过项目建设管理信息系统提交项目建设单位。项目建设单位工程部受理、组织项目建设单位内部审查，可邀请监理和施工单位参加，必要时邀请专家参加，形成项目建设单位项目重大设计变更审查会议纪要。项目建设单位工程部在协同办公系统中行文，经项目建设单位计划合同部会签、分管领导核签、总经理批准后，报送国网新源公司；国网新源公司办公室分发至国网新源公司基建部（工程建设领导小组），国网新源公司基建部

（工程建设领导小组）经审核或视具体情况组织专题审查会后，提出初步意见向分管领导汇报；根据审查意见，国网新源公司基建部（工程建设领导小组）在协同办公系统中向分管领导上报签报，总经理办公会汇报；国网新源公司基建部（工程建设领导小组）在协同办公系统中办理批复，经分管领导签发，国网新源公司办公室联网发文至项目建设单位工程部。项目建设单位工程部组织设计单位落实复审意见，正式行文报原审查（批）单位审查，经项目建设单位计划合同部会签、分管领导核签、总经理签发，原审查、审批单位批复后，项目建设单位工程部组织设计单位出具设计变更文件并转发监理单位实施变更。

【案例 9–5】设计变更

某工程进出水口前池应挖至基岩，局部少量脱空采用浆砌石回填。施工期地质揭露前池底板在斜坡和水平段交接一带出现岩石陡坎，陡坎前为深覆盖层，导致前池拦渣坎及斜坡段底板全部脱空。设计采取部分挖除置换砌石和过渡料，保留部分覆盖层满足含石量大于 30%、干密度大于 20kN/m^3 的控制标准，并在回填料的上部，拦渣坎和前池面板下部增设钢筋混凝土支撑板过渡。

模块 5　新技术研究及应用管理（Ⅲ级）

模块描述　本模块介绍了工程基建新技术研究，从应用计划编制到技术应用，再到技术管理，最后总结推广的一个过程，通过要点讲解和案例分析，熟悉新技术计划编制、应用申请、实施、推广的要点和意义，掌握新技术研究及推广的方法。

正 文

一、“五新”管理流程

（一）工程基建新技术推广应用计划

项目建设单位编制《抽水蓄能电站工程建设管理总体策划》（以下简称《总体策划》）时，工程部组织相关部门对“五新”进行调研，确定计划应用的“五新”技术，填报《“五新”应用推广计划表》，作为总体策划的附表报项目建设单位分管领导审批。工程部将批复的《总体策划》，转发监理、设计、施工等单位，督促相关单位制定切实可行的《“五新”应用实施计划》。施工单位的实施计划报监理单位审批，设计单位的实施计划报项目建设单位工程部审批。为有力支撑工程创优，主体工程施工单位进场后应依据总体策划和工程特性，结合工程创优工作，在工程创优实施细则中详细阐述“五新”技术的推广计划及实施措施。新技术应用申报、受理及项目实施应满足国网新源公司《新技术推广应用管理手册》的相关要求。

（二）基建新技术申请应用管理

设计单位根据“五新”应用实施计划和工程进展情况，编制《“五新”应用申报审批表》，报项目建设单位。项目建设单位工程部组织设计、监理、施工单位进行论证，必要时，组织专题咨询会，形成论证或咨询意见，报项目建设单位工程分管领导批准。

项目建设单位工程部将批准后的审批表发送设计单位，设计单位组织实施。

实施单位根据“五新”应用实施计划及工程进展情况，编制《“五新”应用申报审批表》，报监理单位。监理单位根据项目工程策划，批准施工单位上报的《“五新”应用申报审批表》，批准后上报项目建设单位备案。对用于构成工程永久构筑物的“新材料、新设备”，申报单位填写《“五新”应用（新材料、新设备）申报审批表》，上报监理单位，监理单位组织审查并填写审查意见后上报项目建设单位。项目建设单位工程部组织审核，填写审核意见，报分管领导批准。项目建设单位工程部将批准后的审批表发送监理单位，监理单位组织实施。

（三）项目实施

监理单位及项目建设单位应跟踪、督促设计、施工单位“五新”应用的落实，对实施过程进行指导及监督，确保“五新”应用落实到位。项目建设单位、监理单位、施工单位均应分别建立“五新”应用台账，及时收集、整理、归档相关“五新”应用资料。

（四）应用总结、成果申报推广

“五新”应用目标项目实施完成后，项目建设单位应整理“五新”应用相关资料，及时总结，作为工程创优的支撑性材料。项目建设单位工程部组织“五新”应用实施单位向相关行业主管部门申请“建筑业新技术应用示范工程”称号或取得其他类似“五新”应用成果认定证书。根据“五新”推广应用实际情况，国网新源公司基建部组织项目建设单位开展“五新”推广应用的典型经验交流。

（五）主要新技术应用

例如：土工合成材料应用，所有涉及岩土工程领域的各种建筑工程或土木工程中；高边坡防护技术，高度大于30m的岩质高边坡、高度大于15m的土质边坡、水电站侧岸高边坡、船闸、特大桥桥墩下岩石陡壁、隧道进出口仰坡等，50～300m堆积体高边坡加固；复杂盾构法施工技术，适用于各类图层或松软岩层中隧道的施工；高性能混凝土，适用于对混凝土强度要求较高的结构工程；高耐久混凝土，适用于各种混凝土结构工程，如港口、海港、码头、桥梁及高层、超高层混凝土结构；自密实混凝土技术，适用于浇筑量大，浇筑深度、高度大的工程结构，配筋密实、结构复杂、薄壁、钢管混凝土等施工空间受限的工程结构，工程进度紧、环境噪声受限制或普通混凝土不能实现的工程结构；隧道模板台车技术，广泛适用在公路、铁路、地铁及水利隧道工程中；厚钢板焊接技术，适用于高层建筑钢结构、大跨度工业厂房、大型公共建筑等工程厚度在40mm以上的钢板焊接；施工过程水回收利用技术，适用于地下水面埋藏较浅的地区。

二、绿色施工

绿色施工作为建筑全寿命周期中的一个重要阶段，是实现建筑领域资源节约和节能减排的关键环节。绿色施工是指工程建设中，在保证质量、安全等基本要求的前提下，通过科学管理和技术进步，最大限度地节约资源并减少对环境负面影响的施工活动，实现节能、节地、节水、节材和环境保护（“四节一环保”）。实施绿色施工，应依据因地制宜的原则，贯彻执行国家、行业和地方相关的技术经济政策。绿色施工应是可持续发展理念在工程施工中全面应用的体现，绿色施工并不仅仅是指在工程施工中实施封闭施工，没有尘土飞扬，没有噪声扰民，在工地四周栽花、种草，实施定时洒水等这些内容，它涉及可持续发展的各个方面，如生态与环境保护、资源与能源利用、社会与经济的发展等内容。

（一）节能

例如：优先使用国家、行业推荐的节能、高效、环保的施工设备和机具，如选用变频技术的节能施工设备等；夏季室内空调不得低于 26℃，冬季室内空调温度不得高于20℃，空调运行期间关闭门窗；室外照明宜采用高强度气体放电灯；充分利用太阳能，现场淋浴可设置太阳能淋浴等。

（二）节地

例如：施工现场的临时设施建设禁止使用黏土砖；土方开挖施工采取先进的技术措施，减少土方的开挖量，最大限度地减少对土地的扰动等。

（三）节水

例如：实行用水计量管理，严格控制施工阶段的用水量；施工现场设置废水回收设施，对废水进行回收后循环利用；混凝土养护采取节水措施等。

（四）节材

例如：选取绿色材料，积极推广新材料、新工艺，促进材料的合理使用，节省实际施工材料消耗量；施工现场实行限额领料，统计分析实际施工材料消耗量与预算材料的消耗量，有针对性地制定并实施关键点控制措施等。

（五）环境保护

例如：从事土方、渣土和施工垃圾的运输车辆必须使用密闭式运输车辆，现场出入口设置冲洗车辆设施；施工现场易飞扬、细颗粒散体材料应密闭存放；建筑拆除工程施工时应采取有效的降尘措施等。

思考与练习

1. 罗列 5 种新技术及其应用范围。
2. 水工重大施工技术方案主要包括哪些？
3. 什么是重大设计变更？水工重大设计变更包括哪些？
4. 什么是绿色施工？

第十章　工 程 施 工 管 理

模块1　土建施工技术标准和规范管理概述（Ⅰ级）

模块描述　本模块介绍土建施工技术标准和规范（含强制性条文），通过条文解释和要点讲解，正确应用土建主要施工技术标准和规范（含强制性条文）。

正 文

一、土建主要施工技术标准和规范

（一）相关术语和定义

（1）标准。为在一定的范围内获得最佳秩序，对活动或其结果规定共同的和重复使用的规则、导则或特性的文件，该文件经协商一致制定并经一个公认机构批准，以科学、技术和实践经验的综合成果为基础，以促进最佳社会效益为目的。

（2）规范。一般是在工农业生产和工程建设中，对设计、施工、制造、检验等技术事项所做的一系列规定。

（3）规程。是对作业、安装、鉴定、安全、管理等技术要求和实施程序所做的统一规定。

标准、规范、规程都是标准的一种表现形式，习惯上统称为标准，只有针对具体对象才加以区别。当针对产品、方法、符号、概念等基础标准时，一般采用“标准”，如《土工试验方法标准》（GB/T 50123）、《通用硅酸盐水泥标准》（GB 175）、《公路工程质量检验评定标准》（JTG/F 80/1）、《水电水利基本建设工程单元工程质量等级评定标准》（DL/T 5113.1）等；当针对工程勘察、规划、设计、施工等通用的技术事项做出规定时，一般采用“规范”，如《水利水电工程地质勘察规范》（GB 50487）、《水工混凝土结构设计规范》（SL 191）、《水工混凝土钢筋施工规范》（DL/T 5169）、《水工建筑物地下开挖工程施工技术规范》（DL/T 5099）等；当针对操作、工艺、管理等专用技术要求时，一般采用“规程”，如《水电水利工程锚杆无损检测规程》（DL/T 5424）、《水电水利工程爆破安全监测规程》（DL/T 5333）、《水电水利工程岩壁梁施工规程》（DL/T 5198）等。

工程建设标准和规范是指对基本建设中各类工程的勘察、规划、设计、施工、安装、验收等需要协调统一的事项所制定的标准。

（二）标准划分

1. 根据标准的约束性划分（强制性标准、推荐性标准）

（1）强制性标准。保障人体健康、人身财产安全的标准和法律、行政性法规规定强制性执行的国家和行业标准是强制性标准，省、自治区、直辖市标准化行政主管部门制定的工业产品的安全、卫生要求的地方标准在本行政区域内是强制性标准。

对工程建设业来说，下列标准属于强制性标准：工程建设勘察、规划、设计、施工（安装）及验收等通用的综合标准和重要的通用的质量标准；工程建设通用的有关安全、卫生和环境保护的标准；工程建设重要的术语、符号、代号、计量与单位、建筑模数和制图方法标准；工程建设重要的通用的试验、检验和评定等标准；工程建设重要的通用的信息技术标准；国家需要控制的其他工程建设通用的标准。

（2）推荐性标准。其他非强制性的国家和行业标准是推荐性标准。推荐性标准国家鼓励企业自愿采用。

2. 根据内容划分（设计标准、施工及验收标准、建设定额）

（1）设计标准。是指从事工程设计所依据的技术文件。

（2）施工及验收标准。施工标准是指施工操作程序及其技术要求的标准；验收标准是指检验、接收竣工工程项目的规程、办法与标准。

（3）建设定额。是指国家规定的消耗在单位建筑产品上活劳动和物化劳动的数量标准，以及用货币表现的某些必要费用的额度。

3. 根据属性划分（技术标准、管理标准、工作标准）

（1）技术标准。是指对标准化领域中需要协调统一的技术事项所制定的标准。

（2）管理标准。是指对标准化领域中需要协调统一的管理事项所制定的标准。

（3）工作标准。是指对标准化领域中需要协调统一的工作事项所制定的标准。

4. 我国标准的分级（国家标准、行业标准、地方标准、企业标准）

（1）国家标准。是对需要在全国范围内统一的技术要求制定的标准（如 GB、GB/T ）。

（2）行业标准。是对没有国家标准而又需要在全国某个行业范围内统一的技术要求所制定的标准（如 DL、DL/T、JGJ、JGJ/T）。

（3）地方标准。是对没有国家标准和行业标准而又需要在该地区范围内统一的技术要求所制定的标准（如 DB××/）。

（4）企业标准。是对企业范围内需要协调、统一的技术要求、管理事项和工作事项所制定的标准（如 Q/GDW）。

（三）水电水利工程主要土建施工技术标准和规范

水电水利工程建设土建施工过程中涉及的技术标准和规范范围较为宽广，引用国家标准、行业标准，其中电力行业施工标准应用较为广泛；同时也涉及其他行业，如交通行业、建工行业等建设标准。水电水利工程主要土建施工技术标准和规范示例如下：

（1）《爆破安全规程》（GB 6722）

（2）《通用硅酸盐水泥》（GB 175）

（3）《岩土锚杆与喷射混凝土支护工程技术规范》（GB 50086）

（4）《混凝土质量控制标准》（GB 50164）

（5）《水电工程施工组织设计规范》（DL/T 5397）

（6）《水电水利工程土建施工安全技术规程》（DL/T 5371）

（7）《水工建筑物岩石基础开挖工程施工技术规范》（DL/T 5389）

（8）《水工建筑物地下开挖工程施工技术规范》（DL/T 5099）

（9）《水电水利工程爆破施工技术规范》（DL/T 5135）

（10）《水电水利工程锚喷支护施工规范》（DL/T 5181）

（11）《混凝土面板堆石坝施工规范》（DL/T 5128）

（12）《水工混凝土钢筋施工规范》（DL/T 5169）

（13）《水工混凝土施工规范》（DL/T 5144）

（14）《水工混凝土砂石料试验规程》（DL/T 5151）

（15）《水电水利工程土建施工安全技术规程》（DL/T 5371）

（16）《水电水利工程场内施工道路技术规范》（DL/T 5243）

（17）《水电水利工程基础制图标准》（DL/T 5347）

（18）《水电水利基本建设工程单元工程质量等级评定标准 第 1 部分：土建工程》（DL/T 5113.1）

（19）《公路水泥混凝土路面施工技术规范》（JTG/T F30）

（20）《公路路基施工技术规范》（JTG/T F10）

（21）《公路路面基层施工技术规范》（JTJ 034）

（22）《公路桥涵施工技术规范》（JTG/T F50）

（23）《公路工程质量检验评定标准 第一册：土建工程》（JTG/T F80/1）

（24）《建筑施工扣件式钢管脚手架安全技术规范》（JGJ 130）

二、土建施工工程建设标准强制性条文

（一）相关术语和定义

工程建设标准强制性条文，是指工程建设现行国家和行业标准中直接涉及人民生命财产安全、人身健康、节能、节地、节水、节材、环境保护和其他公众利益，以及保护资源、节约投资、提高经济效益和社会效益等政策要求的条文。

《工程建设标准强制性条文》包括城乡规划、城市建设、房屋建筑、工业建筑、水利工程、电力工程、信息工程、水运工程、公路工程、铁路工程、石油和化工建设工程、矿山工程、人防工程、广播电影电视工程、民航机场工程共 15 个部分。

《国网新源控股有限公司工程建设强制性条文执行管理手册》强制性条文包括国家现行有效的工程建设标准强制性条文（电力工程部分）和国网新源控股有限公司抽水蓄能电站工程建设补充强制性条文，且适用于最新版本，应及时更新替代、补充新增内容。

（二）强制性条文在标准中的体现

（1）国家标准及行业标准中采用黑字体部分，并在标准颁布的公告中有说明。

（2）电力行业及国家电网公司标准的规程中引用国家标准和相关行业标准中的强制

性条文，以符号“☆”标注。

（三）施工有关工程建设标准强制性条文

混凝土面板堆石坝是抽水蓄能电站较为常见的水工建筑物，锚喷支护施工是普遍的土建施工项目。以此两者为例，介绍其涉及的强制性条文。

（1）《混凝土面板堆石坝施工规范》（DL/T 5128—2009）中有 4.3.2、4.3.3、5.1.2、5.2.2 四条强制性条文，内容如下：

1）导流泄水建筑物进口与围堰之间应有足够的距离，防止水流淘刷或闭气安全。布置在导流泄水建筑物出口附近的施工临时设施，应有安全距离。

2）围堰填筑前，应进行围堰地基的清理。对透水地基，应进行地基的防渗处理及地基与堰体防渗体的可靠连接。

3）坝基与岸坡处理施工前及过程中，应对岸坡施工危险源进行辨识，采取必要的措施确保施工安全。坝体轮廓线以外影响施工的危岩、浮石等不稳定体应提前处理。

4）坝基与岸坡开挖应按照自上而下的顺序进行，施工过程中形成的临时边坡应满足稳定要求。在特殊情况下，需先开挖岸坡下部时，必须进行论证，采取措施，确保安全。

（2）《水电水利工程锚喷支护施工规范》（DL/T 5181—2015）中有 8.3.1、9.1.7、9.1.9、9.2.4、10.1.2、10.1.3 六条强制性条文。

（四）施工有关工程建设标准强制性条文贯彻实施

（1）施工承包商编制《施工强制性条文实施计划》《施工强制性条文实施细则》等实施性文件，并组织宣贯、培训。

（2）施工承包商编制的施工方案和作业指导书，应明确《工程建设标准强制性条文》的要求，监理单位在组织方案评审时应关注强制性条文是否齐全。

（3）发现不符合《工程建设标准强制性条文》的要求，由监理单位通知施工承包商修改。

（4）施工承包商和监理单位在进行工程质量检查验收时，应对《工程建设标准强制性条文》中相应条款实施情况进行逐条确认。

思考与练习

1. 正确理解标准、规范及规程的关系。

2. 国家标准、行业标准、地方标准之间的关系是什么？如何选择应用？

3. 以《水工建筑物地下开挖工程施工技术规范》（DL/T 5099）为例，简要阐述相关强制性条文。

模块 2　土建施工技术标准和规范执行（Ⅱ级）

模块描述　本模块介绍土建施工技术标准和规范（含强制性条文）执行情况

的监督检查方法，通过要点讲解，能胜任土建施工技术标准和规范（含强制性条文）执行情况的监督检查。

正文

一、施工技术标准和规范执行情况的监督检查

对施工过程中，施工技术标准和规范执行情况进行监督检查是指对标准和规范执行情况与结果进行监督、检查和处理的活动。标准和规范执行情况的监督检查可促进标准和规范的有效执行，发现标准和规范存在的问题，制定改进措施，推动标准和规范正确、持久实施。标准和规范执行情况的监督检查包括政府监督、行业监督、社会监督和企业自我监督。

对于工程建设中各参建单位而言，尤其是施工承包商，执行标准和规范，规范施工，按照标准和规范的要求使施工有序、合理，保障施工安全、保证施工质量。在工程建设中，各参建单位为了保证建设项目的标准化工作能够跟上施工和管理工作的需要，在标准和规范执行过程中要不断检查标准和规范的执行情况并依据实施中发现的问题予以改进。

（一）监督检查的范围和对象

凡是国家、行业、地方及企业颁布的标准和规范均属于监督检查范围。凡是国家、行业、地方及企业要实施和废止的标准（均在新标准中进行说明），都是以公告、通知形式发布，并以此为依据进行监督检查，其范围包括在企业实施的国家标准、行业标准、地方标准和企业标准，也包括国家、行业和地方法规，以及企业标准化管理规章或标准。

（二）监督检查的内容

（1）已实施标准和规范的执行情况。

（2）对标准和规范的合规性、适用性、有效性、全面性进行检查。

（3）企业内技术标准、管理标准和工作标准的执行情况。

（4）施工过程中各种质量要素的控制是否符合有关标准的要求。

（5）施工技术、管理活动是否符合有关法规和标准的要求。

（三）监督检查的管理体制

标准和规范执行监督检验采用统一领导和分工负责相结合的管理体制。统一领导，就是由企业负责人直接领导标准执行监督检查工作，由标准化机构统一组织、协调和考核；分工负责，就是各有关部门按专业分工，对与本部门有关标准的实施情况进行监督检查。

（四）监督检查程序

1. 制订监督检查计划

各参建单位标准化机构在《标准化年度工作计划》中规定标准执行情况监督检查计划，确定标准执行监督检查的项目，对于新发布和采用的标准和规范，原则上在执行两个月后统一安排监督检查。

2. 制定监督检查实施方案

各参建单位标准化机构根据标准执行情况监督检查计划，在实施监督检查前制定《监督检查工作实施方案》，包括任务分工、所监督标准和规范的类别或名称、监督形式、工作进度要求。

3. 实施监督检查

根据《监督检查工作实施方案》中的分工、进度进行检查，主要检查相关记录与标准、规范要求的符合性，现场施工情况与标准、规范要求的符合性，甄别已发布标准未能正式实施的情况。

（五）监督检查结果的处理

1. 制订纠正措施

根据监督检查结果和发现的问题，制订纠正措施。

2. 跟踪督促措施实施

各参建单位标准化机构对纠正措施实施情况进行跟踪督促，如发现问题，及时向标准化工作领导小组反映，对重大的纠正和改进措施的跟踪情况应形成书面报告。

3. 纠正措施的验证

纠正措施完成后，各参建单位标准化机构应对纠正措施完成情况组织验证，验证内容包括：

（1）纠正措施是否均已按计划实施。

（2）纠正措施的实施记录是否完整并按规定管理。

（3）纠正措施是否均已按计划按时完成。

（4）涉及标准文本的更改，是否已按标准文本控制的规定执行。

二、工程建设标准强制性条文执行情况的监督检查

项目建设单位、监理单位、施工承包商在进行工程质量监督检查时，应对《工程建设标准强制性条文》执行情况进行监督检查，并保留对强制性条文实施检查的记录。

（一）强制性条文的执行要求

强制性条文与强制性标准条款都应认真执行。

（1）对违反强制性条文规定者，无论其行为是否一定导致事故的发生，均依据《建设工程质量管理条例》和《实施工程建设强制性标准监督规定》（建设部第 81 号令）的规定进行处罚，即平常所说的“事前查处”。

（2）在无充分理由且未经规定程序评定时，强制性标准中的非强制性条文内容也应认真执行，不得突破。当发生质量安全问题后，强制性标准中的非强制性条文也将作为判定责任的依据，即所谓的“事后处理”。

（3）执行中要高度重视强制性条文和强制性标准的时效性，及时予以更新。

（4）现行强制性条文并不能覆盖工程建设领域的各个环节，一些推荐性标准所覆盖的领域、环节中可能也有直接涉及质量、安全、环境保护、人身健康和公众利益的技术要求。为确保工程安全、质量，除必须严格执行强制性条文和强制性标准外，还应积极采用国家推荐性标准。

（5）在强制性条文执行中，当强制性条文在实际执行中遇到困难或技术上处理不妥时，应及时反馈有关信息。

（二）强制性条文执行情况的监督检查

1. 监督检查的主要内容

根据《实施工程建设强制性标准监督规定》（建设部令第 81 号）的要求，《工程建设标准强制性条文》执行情况主要监督检查以下五个方面：

（1）能否及时采用现行标准，建立有效的技术标准清单。

（2）施工验收是否符合强制性条文规定。

（3）工程采用材料、设备是否符合强制性条文的规定。

（4）工程项目施工、安装的质量是否符合强制性条文的规定。

（5）工程中采用导则、指南、手册内容是否符合强制性条文的规定。

2. 监督检查计划

项目建设单位、监理单位、施工承包商分级编制强制性条文实施监督检查计划。

3. 监督检查方式

（1）日常检查。施工承包商日常检查，发现的问题（不符合项）应采取措施及时整改；重点、关键部位，监理单位日常旁站监督检查。

（2）阶段自查与专项检查。各单位工程分步进行阶段自查，专项检查不定时进行。

（3）上级主管或行政单位监督检查。

4. 监督检查记录和表式

（1）监督检查记录。填写《工程建设标准强制性条文》执行情况检查表；要求记录真实、准确。

（2）表式。《工程建设标准强制性条文》检查记录表必须规范，强制性条文中包含的条款内容必须在表式中全面反映。

5. 整改闭环管理

凡是在各级监督检查中确定为不符合《工程建设标准强制性条文》规定的问题，都属于必须整改的问题；各级监督检查后出具《工程建设标准强制性条文》不符合整改通知单，由责任方负责整改落实；由监督检查单位负责整改验收与评定，实现闭环管理。

三、案例

【案例 10–1】合理选择面板混凝土施工时坝体预沉降期

（1）规范依据。《混凝土面板堆石坝施工规范》（DL/T 5128—2009）。

（2）规范内容。8.3.2 面板施工前，坝体预沉降期宜为 3～6 个月，面板分期施工时，先期施工的面板顶部调整应有一定超高。因度汛要求等原因，需要提前浇筑面板时，应专题论证。

（3）规范执行情况。对于预沉降期的控制还有几种不同的做法作为辅助控制手段（双控制）：① 按面板顶部处坝体沉降速率 3～5mm/月控制。② 在对应坝体主沉降压缩变形完成后（分析沉降过程线），安排面板混凝土施工。③ 板溪工程设计要求 5 个月的预沉降期，实际施工中的预沉降期达到6～7个月，并以浇筑前面板顶部处沉降速率小于5mm/月这两项指标进行控制；公伯峡面板开始施工时，预沉降期4个多月，且坝体处于次沉降压缩变形期；某抽水蓄能电站预沉降期6个月时，面板顶部处坝体沉降速率为小于或等于5mm/月，满足规范要求，为避开高温季节进行面板混凝土浇筑施工，面板施工推后，沉降期增加了3个月。

（4）是否为强制性条文。不是强制性条文。

思考与练习

1. 从哪些方面评价施工技术标准和规范执行情况符合性？

2. 施工技术标准和规范执行情况监督检查结果的处理要求是什么？

3. 论述《工程建设标准强制性条文》执行情况监督检查的具体要求。

模块3　施工技术方案管理（Ⅰ级）

模块描述　本模块介绍施工技术方案的编制、审批及现场执行的工作流程、工作重点及注意事项，通过要点讲解，掌握施工技术方案管理的相关要求。

正　文

一、施工技术方案编制前期准备

（一）熟悉、审查设计图纸和有关的设计资料

1. 熟悉、审查设计图纸的依据

（1）项目建设单位和设计单位提供的初步设计或扩大初步设计（技术设计）、施工图设计、建筑总平面、土方竖向设计和城市规划等资料文件。

（2）调查、搜集的原始资料。

（3）设计、施工验收规范和有关技术规定。

2. 熟悉、审查设计图纸的目的

（1）为了能够按照设计图纸的要求顺利地进行施工，生产出符合设计要求的最终产品。

（2）为了能够在拟建工程开工之前，便于从事建筑施工技术和经营管理的工程技术人员充分地了解和掌握设计图纸的设计意图、结构与构造特点和技术要求。

（3）通过审查发现设计图纸中存在的问题和错误，使其改正在施工开始之前，为拟建工程的施工提供一份准确、齐全的设计图纸。

3. 熟悉、审查设计图纸的内容

（1）审查设计图纸是否完整、齐全，以及设计图纸和资料是否符合国家有关工程建

设的设计、施工方面的标准、规范等。

（2）审查地基处理或基础设计同拟建工程地点的工程水文、地质等条件是否一致。

（3）审查设计图纸与说明书在内容上是否一致，以及设计图纸与其各组成部分之间有无矛盾和错误。

（4）审查总平面图与其他结构图在几何尺寸、坐标、标高、说明等方面是否一致，技术要求是否正确。

（5）审查设备安装图纸与其相配合的土建施工图纸在坐标、标高上是否一致，掌握土建施工质量是否满足设备安装的要求。

（6）审查设计图纸中的工程复杂、施工难度大和技术要求高的分部分项工程或新结构、新材料、新工艺，检查现有施工技术水平和管理水平能否满足工期和质量要求并采取可行的技术措施加以保证。

（7）明确建设工程所用的主要材料、设备的数量、规格、来源和供货日期。

（8）明确建设、设计和施工等单位之间的协作、配合关系，以及项目建设单位可以提供的施工条件。

4. 熟悉、审查设计图纸的程序

熟悉、审查设计图纸的程序通常分为自审阶段、会审阶段和现场签证三个阶段。

（1）设计图纸的自审阶段。施工承包商收到拟建工程的设计图纸和有关技术文件后，应尽快组织有关工程技术人员熟悉和自审图纸，写出自审图纸的记录。自审图纸的记录应包括对设计图纸的疑问和对设计图纸的有关建议。

（2）设计图纸的会审阶段。一般由监理单位主持，由项目建设单位、设计单位和施工承包商参加，对设计图纸进行会审。图纸会审时，首先由设计单位的工程主设人向与会者说明拟建工程的设计依据、意图和功能要求，并对特殊结构、新材料、新工艺和新技术提出设计要求；然后施工承包商根据自审记录及对设计意图的了解，提出对设计图纸的疑问和建议；最后在统一认识的基础上，对所探讨的问题逐一地做好记录，形成图纸会审纪要，由监理单位正式行文，参加单位共同会签、盖章；设计单位根据会审纪要，对设计图纸进行修改，或将会审纪要作为与设计文件同时使用的技术文件和指导施工的依据，以及项目建设单位与施工承包商进行工程结算的依据。

（3）设计图纸的现场签证阶段。在工程建设施工过程中，如果发现施工条件与设计图纸的条件不符，或者发现图纸中仍然有错误，或者因为材料的规格、质量不能满足设计要求，或者因为施工承包商提出了合理化建议，需要对设计图纸进行及时修订，应遵循技术核定和设计变更的签证制度，进行图纸的施工现场签证。如果设计变更的内容对工程的规模、投资影响较大，要报请项目的原批准单位批准。在施工现场的图纸修改、技术核定和设计变更资料，都要有正式的文字记录，归入拟建工程施工档案，作为指导施工、竣工验收和工程结算的依据。

（二）原始资料的调查分析

为了做好施工准备工作，除了要掌握有关拟建工程的书面资料外，还应该进行拟建工程的实地勘测和调查，获得有关数据的第一手资料，这对于拟定一个先进合理、切合实际的施工组织设计是非常必要的，因此应该做好以下调查分析：

（1）自然条件的调查分析。建设地区自然条件的调查分析的主要内容有：地区水准点和绝对标高等情况；地质构造、岩土的性质和类别、地震级别和裂度等情况；河流流量和水质、最高洪水和枯水期的水位等情况；地下水位的情况，含水层的厚度、流向、流量和水质等情况；气温、雨、雪、风和雷电等情况；土的冻结深度和冬雨季的期限等情况。

（2）技术经济条件的调查分析。建设地区技术经济条件的调查分析的主要内容有：地方建筑施工企业的状况；当地可利用的地方材料状况、国拨材料供应状况；地方能源和交通运输状况；地方劳动力和技术水平状况；当地生活供应、教育和医疗卫生状况；当地消防、治安状况和参加施工承包商的力量状况。

二、施工技术方案编制方法

（1）运用系统科学的观念和方法，进行工程施工组织设计（方案）编制。在编制施工组织设计（方案）过程中，运用目标管理、系统分析、科学预测和决策等方法，选用最佳施工组织设计（方案），从而实现项目管理的科学化。管理部门应对工程的大中型项目施工组织设计（方案）进行收集，经过分析和归纳，整理并发布，则能使先进的施工组织设计（方案）更能发挥效益，减少编制人员重复劳动，而且能推广先进经验，有利于进行科学合理的施工组织设计（方案）编制。

（2）合理安排施工组织设计（方案）编制内容，突出设计重点项目施工组织设计（方案）的内容。要根据不同工程的特点和要求，根据现有的和可能创造的施工条件，从实际出发，决定各种生产要素的结合方式。根据施工技术经验的同时，借鉴国内外先进施工技术，选择合理的施工方案，突出工程施工组织设计（方案）的重点。

（3）加强信息化管理，提高施工组织设计（方案）效率。信息有利于生产要素组合优化的决策，使资源合理配置。信息技术在工程项目中已起到越来越大的作用，技术方案应充分运用信息技术，重视高新技术的移植和利用，利于进行积累、分组、交流及重复应用，为施工组织设计（方案）的编制提供有效资源。

（4）重视建设安全技术措施，强化施工过程安全检查监督。施工组织设计（方案）中安全技术措施是一项重要组成部分。为理顺和协调各方面的关系，需要进行严密的计划、有序的组织、安全的技术措施保障，才能保证正常的施工。在编制施工组织设计（方案）的过程中，要强化施工现场的安全措施，建立严格的检查监督制度，贯彻国家安全管理保证体系标准，使施工组织设计（方案）安全顺利地实施。

三、施工技术方案审批程序

（1）施工组织设计应由施工承包商项目部技术负责人审批；分部（分项）、重点、难点工程施工方案应由施工承包商技术部门组织相关部门进行会审或组织相关专家进行评审，施工承包商项目部技术负责人批准；专项施工方案应由施工承包商项目部技术部门组织相关部门进行会审或组织相关专家进行评审，施工承包商项目部技术负责人批准。施工承包商完成施工组织设计（方案）的编制及自审工作，填写施工组织设计（方案）报审表，报送项目监理单位。

（2）项目监理单位在收到施工组织设计（方案）后，由总监理工程师在约定的时间内，组织专业监理工程师审查，提出审查意见后，由总监理工程师审定批准。需要施工承包商修改时，由总监理工程师签发书面意见，退回施工承包商修改后再报审。

（3）已审定的施工组织设计由项目监理单位报送项目建设单位进行确认后备案。

（4）施工承包商应严格按审定的施工组织设计文件组织施工。如需对其内容做较大变更，应在实施前将变更内容书面报送项目监理单位重新审定。

（5）对规模大、结构复杂或属新结构、特种结构的工程，项目监理单位应在初步审查施工组织设计后，报送监理单位项目部技术负责人进行审查，其审查意见由总监理工程师签发。必要时，与项目建设单位协商，组织有关专家对其进行会审。

（6）规模大、工艺复杂的工程及群体工程，经项目建设单位批准可分阶段报审施工组织设计；技术复杂或采用新技术的分部、分项工程，施工承包商还应编制该分部、分项工程的专项施工方案，报项目监理单位审查。

四、施工技术方案现场执行

（1）所有工程都必须编制施工设计或方案，否则不准开工。

（2）未经审批或审批手续不全的施工组织设计（方案），视为无效。

（3）工程开工前必须按编制分工逐级向下进行施工组织设计（方案）交底，同时进行对有关部门和专业人员的横向交底，并应有相应的交底记录。

（4）加强实施全过程控制，分别对施工技术准备、实施阶段，进行施工组织设计（方案）实施情况的中间检查，并且需做施工组织中间检查记录。

（5）施工组织设计一经批准，必须严格执行。实施过程中，任何部门和个人，都不得擅自改变。

（6）凡属施工组织设计（方案）内容变更和调整，都必须编制“施工组织调整（或补充）方案”，报原审批人批准后方可执行；由于施工条件的变化，需对原施工技术方案进行变更的应作为施工技术方案补充部分予以实施并归档。

（7）工程完成时，必须及时对原施工组织编制内容做出技术总结；工组织设计（方案）评价是对编制人、实施单位考核的重要依据。

【案例 10–2】高大模板支撑系统施工技术方案大纲的编制

第一章　编制说明及依据。相关法律、法规、规范性文件、标准、规范及图纸（国标图集）、施工组织设计等。

第二章　工程概况。高大模板工程特点、施工平面及立面布置、施工要求和技术保证条件，具体明确支模区域、支模标高及高度和支模范围内的梁截面尺寸、跨度、板厚、支撑的地基情况等。

第三章　施工计划。施工进度计划、材料与设备计划等。

第四章　施工工艺技术。高大模板支撑系统的基础处理、主要搭设方法、工艺要求、材料的力学性能指标、构造设置，以及检查、验收要求等。

第五章　施工安全保证措施。模板支撑体系搭设及混凝土浇筑区域管理人员组织机构及相关人员的职责、施工技术措施、模板安装和拆除的安全技术措施、重大危险源的识别及应对措施、施工应急救援预案，模板支撑系统在搭设、钢筋安装、混凝土浇捣过程中及混凝土终凝前后模板支撑体系位移的监测监控措施，安全检查制度的建立等。

第六章　施工质量保证措施。描述组织保障机构及相关人员的职责、保证施工质量的技术措施。

第七章　劳动力、机械设备计划。包括专职安全生产管理人员、特种作业人员的配置、施工机械设备等。

第八章　计算书及相关图纸。验算项目及计算内容包括模板、模板支撑系统的主要结构强度和截面特征及各项荷载设计值和荷载组合，梁、板模板支撑系统的强度和刚度计算，梁板下立杆稳定性计算，立杆基础承载力验算，支撑系统支撑层承载力验算，转换层下支撑层承载力验算等。每项计算列出计算简图和截面构造大样图，注明材料尺寸、规格、纵横支撑间距、步距等。附图包括支模区域立杆、纵横水平杆平面布置图，支撑系统立面图、剖面图，水平剪刀撑布置平面图及竖向剪刀撑布置投影图，梁板支模大样图，支撑体系监测平面布置图及连墙件布设位置及节点大样图等。

在实际施工管理过程中，存在施工技术方案直接引用工程施工组织设计内容的现象。施工技术方案应对实施项目的材料、机具、人员、工艺进行详细部署，保证质量要求和安全文明施工要求，它应具有可行性、针对性，符合施工及验收规范；内容应包括该工程概况、施工中的难点及重点分析、施工方法的选用比较、具体的施工方法和质量、安全控制，以及成品保护等方面的内容；应侧重实施，讲究可操作性，强调通俗易懂，便于局部具体的施工指导；应对施工方法细化，反映如何实施、如何保证质量、如何控制安全，技术交底应从操作层的角度出发，反映操作细节。

思考与练习

1. 简述施工技术方案管理流程。
2. 施工技术方案管理方面存在哪些主要问题？如何加强施工技术方案管理？
3. 以堆石面板坝为例，编制大坝填筑专项施工方案大纲。

模块4　工程施工组织设计、重大施工技术方案评审管理（Ⅲ级）

模块描述　本模块介绍工程施工组织设计、重大施工技术方案评审计划的制定、评审工作开展流程、评审会的组织安排、评审意见的格式内容要求，通过要点讲解和内容描述，具备工程施工组织设计、重大施工技术方案评审的管理能力。

正 文

一、评审计划制定

项目建设单位组织监理单位和施工承包商对重大施工技术方案进行辨识和评价，编制形成《某电站重大施工技术方案一览表》。施工承包商根据《某电站重大施工技术方案一览表》，并结合标段工程实际情况，每年编制《某电站某项目某年度重大施工技术方案评审计划表》，经总工程师审核，项目经理批准上报监理单位。监理单位审核，总监理工程师批准后，汇总形成《某电站某年度重大施工技术方案评审计划表》，提交项目建设单位审查批复。

项目建设单位内部组织相关部门进行会审，并结合下年度工程施工进度计划，梳理需进行评审的标段施工组织设计；形成《某电站某年度重大施工技术方案和施工组织设计评审计划表》，经项目建设单位分管领导审核，总经理批准上报国网新源公司基建部备案。项目建设单位根据批准的《某电站某年度重大施工技术方案和施工组织设计评审计划表》，下发各参加单位，做好评审准备工作。

项目建设单位根据审定评审计划，梳理需要专家评审的项目，并在下一年度物资计划中单独列项。

二、评审工作流程

（一）施工组织设计

（1）开工前两个月，由施工承包商项目部根据批准的《××××抽水蓄能电站工程招标设计阶段施工组织设计》及合同要求，编制《标段施工组织设计报告》，上报监理单位。

（2）监理单位在收到《标段施工组织设计报告》后28天内组织基建项目单位、设计单位、施工承包商项目部对施工组织设计进行审查，审查意见经总监批准后下发，并报建设单位备案。

（3）施工承包商项目部根据工程规模和施工专业复杂程度编制《施工组织专业设计》，用于指导专业工程施工，《施工组织专业设计》一般应在正式工程开工前30天内完成编制和内部审批工作。

（4）施工承包商项目部应按照批复的《标段施工组织设计报告》和《施工组织专业设计》组织施工，未经监理单位同意不得任意修改。凡涉及增加临建面积、提高建筑标准、扩大施工用地、修改重大施工方案等主要原则的重大变更，执行国网新源公司《工程建设工程变更管理手册》。

（二）施工技术方案

（1）施工技术方案审查管理。

1）单位工程/分部工程开工前14天，由施工单位按照国网新源公司《抽水蓄能电站建设工程作业指导书编制导则》的要求编制作业指导书，报监理单位。

2）监理单位应在7天内完成审批，并报建设单位备案。

（2）重大施工技术方案审查管理。

1）施工承包商应在项目实施前 3 个月，编制完成《××××重大施工技术方案》，提交监理单位。

2）监理单位在 28 天内完成审查，审查意见经总监审批后上报建设单位。

3）建设单位收到监理单位关于重大施工技术方案的审查意见后 10 天内，召开工程重大施工方案审查会，组织设计单位、监理单位、施工单位、设备厂家及专家（必要时）进行论证和审查，审查意见经建设单位分管领导审批后下发监理单位。

4）监理单位组织施工单位根据审查意见在 10 天内完成《×××重大施工技术方案》修改，报建设单位备案。

（3）抽水蓄能电站重大施工技术方案主要包括：

1）截流方案；

2）高边坡开挖支护施工方案；

3）坝体填筑施工方案；

4）面板施工方案；

5）防渗体施工方案；

6）水库初次充水方案；

7）引水斜井（竖井）开挖支护施工方案；

8）引水斜井（竖井）衬砌及灌浆施工方案；

9）尾水隧洞开挖支护施工方案；

10）尾水隧洞衬砌灌浆施工方案；

11）地下厂房顶拱开挖及支护；

12）岩锚梁开挖施工方案；

13）蜗壳组装及打压施工方案；

14）转轮模型验收大纲；

15）厂房桥机安装方案；

16）水泵水轮机安装方案；

17）发电电动机安装方案；

18）主变压器安装方案；

19）GIS 安装方案；

20）封闭母线安装方案；

21）电站受电；

22）流道系统充排水试验；

23）机组启动试运行；

24）双机甩负荷试验；

25）动水关球阀。

三、评审意见的格式内容要求

施工组织设计（技术方案）评审意见的格式内容包括但不限于：

（1）总体概述。包括施工组织设计（技术方案）的编制依据是否充分，安全、质量、进度目标是否满足要求。

（2）施工组织和布置。包括场地平面布置、施工程序等是否合理。

（3）采用施工方法、工艺流程是否科学合理、可操作。

（4）施工进度计划。进度计划编制方法、各施工项目搭接的逻辑关系是否科学合理，关键线路是否清晰，是否考虑了工程项目特点（如高温、冰冻、雨季、复杂地质等情况）、施工强度分析、各阶段进度保证措施，是否满足合同工期要求和防汛要求等。

（5）资源配置。劳动力投入计划、机械设备投入计划、材料设备采购计划及保证措施。

（6）主要技术经济指标的计算是否科学、准确、合理。

（7）对工程施工重点、难点关键技术、工艺的分析及解决方案。

（8）安全文明施工措施。包括安全技术方案、安全设施投入、应急、防汛、职业健康等。

（9）质量保证措施。包括标准施工工艺应用、技术交底、三检制、保障体系等。

（10）安全质量通病防治计划。

（11）新技术等应用计划情况。

（12）强条执行计划情况。

思考与练习

1. 施工组织设计和重大施工技术方案评审工作流程是什么？

2. 施工组织设计和重大施工技术方案评审计划如何制定？

3. 简述施工组织设计和重大施工技术方案评审应关注哪些要点？

模块5　变更设计签证管理（Ⅰ级）

模块描述　本模块介绍设计变更签证的定义、分类、管理职责、管理流程，通过要点讲解，能正确识别变更设计与现场签证，掌握变更设计与现场签证技能。

正　文

一、变更设计签证的定义

变更设计是指由项目建设单位、监理单位、施工承包商对设计文件提出的修改建议，经设计单位确认，由设计单位出具修改文件的变更。

二、变更设计签证的分类

变更设计分为一般变更和重大变更。重大变更是指涉及工程安全、质量、功能、规模、概算，以及对环境、社会有重大影响的变更，重大变更设计的判别标准为《水电工程重大设计变更范围目录》（国能新能〔2011〕361 号）。一般变更是指除重大变更之外的变更。

三、变更设计签证管理职责

（1）国网新源公司总经理办公会/分管领导听取项目建设单位有关重大变更设计及有关工程变更管理工作汇报；指导国网新源公司基建部变更设计管理工作有关重大事项。国网新源公司基建部是国网新源公司工程建设变更设计的归口管理部门，检查、监督、考核项目建设单位变更设计管理工作。

（2）项目建设单位总经理听取变更设计管理工作汇报；决策重大、一般变更设计事项，批准估算 50 万元及以上的变更设计。分管领导协助总经理分管变更设计管理工作；审查变更设计，主持专题审查会议；批准估算 20 万元及以上、50 万元以下的变更设计。工程部是本单位工程建设变更设计的归口管理部门；审查变更设计的可行性、必要性，组织必要的专题审查会；审查变更设计专题报告、设计（修改）通知单等变更文件。计划合同部参与变更设计的方案审查或论证，配合审查变更设计专题报告、设计（修改）通知单等变更文件，对变更估算费用进行复核；向国网新源公司基建部上报变更备案项目。

（3）其他相关方职责：设计单位参加由项目建设单位、监理单位、施工承包商提出的变更设计专题会；对项目建设单位、监理单位、施工承包商提出变更设计的可行性和必要性提出意见；确认变更设计，出具修改设计的变更文件。监理单位提出变更设计建议，审查施工承包商提出的变更设计建议；参加变更设计专题会；管理、协调、督促施工承包商按变更设计文件施工。施工承包商提出变更设计建议，参加变更设计专题会；按变更设计文件施工。

四、变更设计签证管理流程

（一）项目建设单位提出的变更设计审批管理流程

（1）项目建设单位工程部（或计划合同部），填写《工程变更会签单》，经部门负责人审核同意；较为复杂的变更，项目建设单位工程部组织专题会，设计单位、监理单位、施工承包商等参建单位参加，经研究后再办理会签，项目建设单位分管领导审查，总经理批准。

（2）项目建设单位工程部在协同办公系统起草《工作联系单》，经计划合同部会签，办公室核稿，分管领导签发后，向设计单位发《工作联系单》委托修改设计。

（3）设计单位对变更设计的可行性和必要性提出意见，确认可行和必要的变更，出具设计变更文件，如有不同意见，书面予以回复。

（二）监理单位或施工承包商提出的变更设计审批管理流程

（1）监理单位或施工承包商提出变更设计建议，填写《工程变更会签单（监理单位）》或《工程变更会签单（施工承包商）》；施工承包商提出的变更设计需经监理单位审查，必要时监理单位组织专题会研究，设计单位对变更设计的可行性和必要性提出审查意见。

（2）《工程变更会签单（监理单位）》或《工程变更会签单（施工承包商）》提交项目

建设单位工程部审查，计划合同部审查，分管领导审核，总经理批准。

（3）项目建设单位工程部在协同办公系统起草《工作联系单》，经计划合同部会签，办公室核稿，分管领导签发后，向设计单位发《工作联系单》委托修改设计，设计单位出具设计变更文件。

【案例 10–3】变更设计签证管理实施案例

某抽水蓄能电站上下水库连接道路工程施工过程中，施工承包商拟提出将排水箱涵改为排水管涵，以提高施工效率。在实际签证过程中发现，该上下水库连接道路工程施工合同中承包商投标的管涵单价为市场价数倍。

案例点评：

该案例中，施工承包商充分利用不均衡报价结果，将单价较低且施工难度较大的排水箱涵改为排水管涵，实际上来讲是在投标阶段就已经做好了一定的铺垫工作，投标阶段就已考虑要在施工阶段对排水箱涵进行变更，以提升自身利润。因而，在施工图审查或变更签证（工程技术联系单）过程中需充分考虑涉及变更项目的单价和总价变化情况，以利于项目建设单位管理人员做出正确的判断。

问题引述：在日常变更设计签证管理中项目建设单位应考虑如下内容：

（1）招投标阶段设计图纸、工程量和单价。

（2）施工图或变更设计签证阶段图纸、工程量。

（3）变更后造成的费用估算。

（4）变更实施后对实体工程安全、质量、进度影响。

思考与练习

1. 变更设计流程是怎么规定的？简述各参建单位在审批流程中的职责。
2. 什么是重大变更设计？哪些内容属于重大设计变更？请举例说明。
3. 变更设计中项目建设单位审查的重点是什么？

模块 6　基建“五新”推广应用管理（Ⅱ级）

模块描述　本模块介绍基建“五新”推广应用成果的调研、分析、实施、总结的流程方法，通过要点讲解，掌握“五新”推广应用的方法。

正　文

一、基建“五新”推广应用管理内容

包括“五新”应用推广计划管理、设计单位“五新”技术应用申请管理、施工承包

商“五新”技术应用申请管理、“五新”应用目标项目执行和“五新”应用总结、成果申报及推广，以及监督与检查、资料归档七项内容。

（一）“五新”应用推广计划管理

（1）项目建设单位编制《抽水蓄能电站工程建设管理总体策划》（以下简称总体策划）时，项目建设单位组织相关部门对“五新”进行调研，确定计划应用的“五新”技术，填报《“五新”应用推广计划表》，作为总体策划的附表报项目建设单位分管领导审批。

（2）项目建设单位将批复的总体策划，转发监理、设计、施工等单位，督促相关单位制定切实可行的《“五新”应用实施计划》。

（3）施工承包商的实施计划报监理单位审批，设计单位的实施计划报项目建设单位审批。

（4）为有力支撑工程创优，主体工程施工承包商进场后应依据总体策划和工程特性，结合工程创优工作，在工程创优实施细则中详细阐述“五新”技术的推广计划及实施措施。

（5）新技术应用申报、受理及项目实施应满足国网新源公司《新技术推广应用管理手册》的相关要求。

（二）设计单位“五新”技术应用申请管理

（1）设计单位根据“五新”应用实施计划和工程进展情况，编制《某工程“五新”应用申报审批表》，报项目建设单位。

（2）项目建设单位组织设计单位、监理单位、施工承包商进行论证，必要时，组织专题咨询会，形成论证或咨询意见；设计单位根据论证或咨询意见，修改后报项目建设单位批准。

（3）项目建设单位将批准后的《某工程“五新”应用申报审批表》发送设计单位，设计单位组织实施。

（三）施工承包商“五新”技术应用申请管理

（1）“五新”应用实施单位根据“五新”应用实施计划及工程进展情况，编制《某工程“五新”应用申报审批表》，报监理单位。

（2）监理单位根据项目工程策划，批准施工承包商上报的《××工程“五新”应用申报审批表》，批准后上报项目建设单位备案。

（3）对用于构成工程永久构筑物的“新材料、新设备”，申报单位填写《××工程“五新”应用（新材料、新设备）申报审批表》，上报监理单位，监理单位组织审查并填写审查意见后上报项目建设单位。

（4）项目建设单位组织审核，填写审核意见，报项目建设单位批准。

（5）项目建设单位将批准后的审批表发送监理单位，监理单位组织实施。

（四）“五新”应用目标项目执行

（1）施工承包商应采取有效措施，认真落实“五新”应用实施计划，强化管理，使其成为工程质量优、科技含量高、施工速度快、经济和社会效益好的样板工程。

（2）监理单位及项目建设单位跟踪、督促设计单位、施工承包商“五新”应用的落实，对实施过程进行指导及监督，确保“五新”应用落实到位。

（3）项目建设单位、监理单位、施工承包商均应分别建立“五新”应用台账，及时收集、整理、归档相关“五新”应用资料。

（五）“五新”应用总结、成果申报及推广

（1）“五新”应用目标项目实施完成后，项目建设单位整理“五新”应用相关资料，及时总结，作为工程创优的支撑性材料。

（2）项目建设单位组织“五新”应用实施单位向相关行业建设主管部门申请“建筑业新技术应用示范工程”称号或取得其他类似“五新”应用成果认定证书。

（3）根据“五新”推广应用实际情况，国网新源公司基建部组织项目建设单位开展“五新”推广应用的典型经验交流。

（六）监督与检查

（1）国网新源公司基建部结合相关检查工作不定期对项目建设单位“五新”应用管理工作进行检查，并提出改进指导意见。

（2）项目建设单位依据项目工程建设管理总体策划中确立的“五新”应用推广计划，分阶段对各参建单位的“五新”应用实施进展情况进行检查，并纳入承包商评价与考核内容。

（七）资料归档

项目建设单位整理资料并归档。

二、建筑业 10 项新技术

《建筑业 10 项新技术》推广应用促进建筑业新技术的广泛应用和技术创新工作。

《建筑业 10 项新技术》内容包括地基基础和地下空间工程技术、混凝土技术、钢筋及预应力技术、模板及脚手架技术、钢结构技术、机电安装工程技术、绿色施工技术、防水技术、抗震加固与监测技术、信息化应用技术。每一大项新技术下又细分为很多小项，共覆盖 108 项技术。

三、绿色施工

绿色施工技术是《建筑业 10 项新技术》的重要内容。

绿色施工是指工程建设中，在保证质量、安全等基本要求的前提下，通过科学管理和技术进步，最大限度地节约资源与减少对环境负面影响的施工活动，实现“四节一环保”（节能、节地、节水、节材和环境保护）。

实施绿色施工，应依据因地制宜的原则，贯彻执行国家、行业和地方相关的技术经济政策。绿色施工应是可持续发展理念在工程施工中全面应用的体现，绿色施工并不仅仅是指在工程施工中实施封闭施工，没有尘土飞扬，没有噪声扰民，在工地四周栽花、种草，实施定时洒水等这些内容，它涉及可持续发展的各个方面，如生态与环境保护、资源与能源利用、社会与经济的发展等内容。

【案例 10–4】基建“五新”推广应用管理实施案例

某抽水蓄能电站建设中上水库库底防渗采用了土工合成材料应用技术，大坝及库岸防渗面板采用了混凝土裂缝控制技术，进水塔及交通桥等部位大量采用大直径钢筋直螺纹连接技术，地下厂房采用了无黏结预应力技术，下进出水口进水塔扩散段及防涡梁段采用清水混凝土模板技术，进水塔事故闸门井及拦污栅排架采用液压爬升模板技术，上水库进水塔整流锥等施工采用插接式钢管脚手架及支撑架技术，引水及尾水系统平洞段采用隧道模板台车技术，上水库进水塔交通桥采用钢与混凝土组合结构技术，营地等建筑采用铝合金窗断桥技术，地下厂房等部位采用开挖爆破监测技术，主要地下洞室采用隧道变形远程自动监测系统，大坝填筑采用施工现场远程监控管理及工程远程验收技术。

案例点评：

该案例介绍的技术均囊括在《建筑业10项新技术》中，这些技术应用对提高工程施工质量、加快施工进度起到积极作用。我国水利水电建设过程中发明了一些新技术，研究了许多新材料，探索了一些施工新工艺，制造或引进了部分新设备、新产品。总结推广这些新成果，对促进水利水电工程的建设具有重要意义。作为水利水电工程建设管理人员，必须学习、应用“五新”，尤其是新成果在工程建设中的关键技术环节，才能进一步提高自身的工作能力与管理水平。

思考与练习

1. 简述项目建设单位、监理单位、施工承包商“五新”技术应用推广管理流程。
2. “五新”应用包括哪些方面？举例说明。
3. “五新”应用对工程建设的意义是什么？

模块7　基建标准施工工艺推广应用管理（Ⅱ级）

模块描述　本模块介绍标准施工工艺应用管理流程、辨识、应用方法、沟通汇报机制，通过要点讲解和案例分析，能推广应用标准施工工艺，并进行监督检查。

正文

一、标准施工工艺应用管理流程

推广应用标准施工工艺，以年度策划管理为主线，部署标准施工工艺推广应用研究、培训、评估、改进等工作；以工程项目管理策划为落脚点，分阶段有重点地做好标准施工工艺的推广应用工作，按照阶段工作重点，结合年度管理工作性质，划分为前期宣贯与策划阶段、标准施工工艺实施阶段、标准施工工艺应用评估阶段、总结提炼与改进阶段四个阶段。

（一）前期宣贯与策划阶段

前期宣贯与策划阶段是管理流程的起点。各项目建设单位在国网新源公司的统一部署下，依据职责分工开展相关工作，项目建设单位着重抓好培训、宣贯、策划、工艺细化等工作；设计单位做好设计交底；监理单位及施工承包商组织专业技能培训，为标准施工工艺的落实奠定人力及技能储备，针对工程项目开展专项施工工艺设计，编制、审查施工措施，为标准施工工艺的落实奠定技术基础。

（二）标准施工工艺实施阶段

标准施工工艺实施阶段是流程的主要环节，施工承包商按措施认真组织交底，坚持“样板引路、试点先行”，通过“样板”“试点”等工作，开展实战培训，确保施工人员掌握施工工艺要求。监理单位着重抓好监督、检查及自评估。为更好地开展标准施工工艺推广应用检查评估，项目建设单位结合各级各类安全质量检查，编制标准施工工艺应用检查大纲，并对检查组成员做相应培训，确保检查效果。

（三）标准施工工艺应用评估阶段

标准施工工艺应用评估阶段是流程的关键环节，工程各参建单位在各自职责范围内开展的自评估，以及项目建设单位组织的专项检查评估，客观真实地反映了标准施工工艺应用的推广情况，在此基础上研究制定提高标准施工工艺应用效果的措施才具有针对性，是全面推广应用标准施工工艺的关键所在。评估的结果以通报等方式发布。

（四）总结提炼与改进阶段

总结提炼与改进阶段是标准施工工艺应用的另一个起点，工程项目的具体情况千差万别，且随着工程建设的飞速发展，新技术、新设备和新材料的不断涌现，以及管理要求的不断提高，工程参建单位在应用标准施工工艺的同时，努力探索新工艺，提高施工效率及工程质量水平。组织各参建单位研究固化工艺设计、施工工艺优化与创新的成果，对标准施工工艺不断地补充与提升，修订工艺模板，并形成典型施工方法，为流程的再启动提供更好的平台。

二、标准施工工艺辨识

每年年初，项目建设单位结合工程建设进展情况，对照《标准施工工艺手册》牵头梳理年度涉及的标准施工工艺，形成《年度标准施工工艺应用计划》。

三、标准施工工艺应用方法

（一）分岗到位，明确职责、规范作业

标准施工工艺的本质是促进工程施工安全、质量和效率。在标准施工工艺当中对于施工的具体规范要求，所占比例是相对较重的一部分。标准施工工艺中针对施工环节当中各个组成部分，进行重点解读和分析，整理出一套符合实际要求的工作准则，有效地推动施工安全、质量和工作效率。标准施工工艺最终实现工程技术、质量、效率的整体优化提升，而实现这种效果的重要推动因素之一，就是标准施工工艺当中对于工作人员工作意识和工作责任的确立。

（二）发挥考评机制的积极作用，促使整体作业水平得到提升

在具体的施工环节当中，要切实发挥出考评机制的作用，针对不足之处要做好培训

工作，同时对于表现优异的施工、管理人员要予以褒奖。在实行考评机制的环节中，项目建设单位就标准施工工艺的推广和实施进行现场考评和评比，在施工中检验作业人员、管理人员的操作能力和管理水平，从而促进标准施工工艺的不断推广和落实。

（三）树立样板，发挥正效应引导作用

坚持“样板引路、试点先行”，在进行样板的制作当中，施工承包商明确标准施工工艺在具体的时间内对于各个流程工艺的负责人及验收人，要严格履行自己的义务和责任，保证标准施工工艺推广应用的规范化和可靠性。在标准施工工艺推广和应用中，项目建设单位结合相应的竞赛及发挥质量巡检组织的实际意义，促使标准施工工艺当中样板引导作用的效果得以彰显。

四、标准施工工艺监督检查

标准施工工艺监督检查通过工程各施工承包商自评开展监督检查，以及项目建设单位与监理单位依据策划及工程进展情况编制的标准施工工艺检查大纲，组织专项检查评估等方式开展；质量巡视、达标投产考核及优质工程评选、劳动竞赛评比等检查评比活动，也是监督检查的一部分。项目建设单位根据具体情况，定期召开安全质量分析会，组织开展标准施工工艺应用情况的全方位评价，研究制定提高标准施工工艺应用效果的措施。

在深入落实标准施工工艺中，存在的问题主要表现在：① 落实存在纰漏不彻底；② 施工工艺设计准备阶段不能充分实现；③ 工程管理环节薄弱等一些管理层面的重点问题；④ 工程中对于照片的整理较为疏忽等问题。因此，在标准施工工艺准备阶段，明确管理阶层职责，针对突出矛盾开展工作，解决好存在的主要矛盾是落实标准施工工艺的重要保障。

行之有效的监督管理和考核体系，对于实现标准施工工艺在推广应用当中的质量所带来的辅助作用是不容忽视的。首先，项目建设单位可以通过设立巡查小组进行定期检查和督导；其次，项目建设单位可以就标准施工工艺应用的时间进行必要的质量信息库建设；最后，在进行标准施工工艺的考核过程当中进行科学合理的评价。结合上述三者具体流程实现对标准施工工艺的督导和管理，从而使得标准施工工艺发挥出其实际效益。

五、基建标准施工工艺推广应用管理实施

以国家电网某公司输变电土建工程标准工艺应用管理制度为例。

（一）加强组织、领导保障，目标明确，责任落实

为确保工程标准施工工艺实施应用取得实效，成立工地建设领导组、工作组、实施组，领导组统筹协调指导示范工地建设。工作组分解质量目标，建立质量工作责任体系，组织推进示范工地建设，监督检查实施开展情况，在国家电网公司标准施工工艺的基础上改进和创新。实施组严格按照目标制定细化措施和方案，确保工程质量管理责任落实到每一个质量控制环节。项目建设单位、监理单位、设计单位、施工承包商联合设立标准化施工工艺应用组织机构，由专人负责工程标准施工工艺的应用、落实工作。其主要工作职责为：① 负责工程项目标准施工工艺的实施、检查；② 负责标准施工工艺创新

建议的收集、整理及上报；③ 组织对施工人员进行标准施工工艺的宣贯和培训；④ 编制工程项目标准施工工艺管理及应用策划文件；⑤ 开展标准施工工艺的研究与创新，将具有推广价值的创新施工工艺上报；⑥ 针对标准施工工艺应用的内容及控制要点进行交底；⑦ 负责施工过程中标准施工工艺的落实和检查；⑧ 对标准施工工艺的应用效果情况进行自评价。

（二）提前策划、加强方案预控、培训和交底

充分重视工程标准施工工艺应用策划，编制具有针对性的施工技术措施、安全保证措施、质量保证措施等施工作业指导文件。重要施工技术方案，经施工技术人员论证，内部履行审批手续后，报监理单位及项目建设单位审核批准后实施。建立培训机制，制订培训计划，设立“标准施工工艺”示范工地建设学习教室。对管理层、操作层两个层次分别进行培训。培训形式主要有：① 组织各参建单位内部学习，落实工艺目标、工艺要求。② 送出去，各参建单位组织管理人员和班组长到标准施工工艺示范应用效果显著及获奖的工程项目去学习、考察，借鉴成功经验和先进的工程建设管理方法。③ 请进来，聘请资深专家对工程中新技术、新设备、新材料和新工艺的应用进行专题培训，对工艺改进和创新内容进行咨询、培训和指导。④ 在现场根据班组特点，运用动漫、开展有奖竞猜、工艺明星评选等活动，加强示范工地建设的全员参与意识。实施组根据工程进度适时组织培训。培训内容重点是：国家电网公司、省电力公司质量管理文件；工程标准施工工艺示范应用项目；工艺改进、创新的施工工艺流程、施工方法、施工要点、控制内容、监督检查重点、检查验收方法、标准等内容。

（三）“标准施工工艺”应用实施推进，确保过程精品

1. 工艺设计

开展工艺设计，设计单位在施工图设计中根据《国家电网公司输变电工程工艺标准库》对标准施工工艺应用进行专项设计，从源头落实标准施工工艺要求，固化工艺成果。项目开工前，加强设计审查、交底等环节的质量控制，在施工图会检的同时对标准施工工艺应用进行专项会检，及时发现和纠正设计缺陷，确保标准施工工艺在施工中得到较好的应用。

2. 首件样板引路

严格执行首件样板先行制度。项目开工前，组织项目建设单位、设计单位、施工承包商、监理单位，并邀请施工经验丰富的老工人、老师傅一道参与，对标准工艺示范项目、工艺创新工序作业人员、机械设备、材料、工艺流程、环境要求、检查方法、质量标准等进行详细的二次策划，并形成实施措施。施工作业前，由施工承包商项目总工、技术员对作业人员进行详细交底。作业过程中，监理、施工承包商参与策划的主要人员全过程进行指导和监控。标准施工工艺示范项目及工艺创新工序作业完成后，监理单位组织项目建设单位、设计单位、施工承包商进行检查验收，并进行现场讲评，组织召开首件样板施工总结会，总结经验，查找不足，分析原因，提出改进建议。对达不到示范工艺标准的，坚决返工，直到检查验收符合要求为止。对首件样板的操作过程进行关键点拍摄，并制作形成标准工艺的实施工艺视频，组织作业人员进行参观学习，进行实物

观摩，作业人员掌握施工工艺、施工方法、质量控制要领后，方可全面铺开施工，确保整个项目的质量和工艺。

3. 过程控制措施

以首件样板为标准，强化工序质量的过程控制，确保施工质量一次成优。对施工工艺所涉及的人员、机械设备、材料、作业方法、作业条件严格按首件样板标准进行控制。结合工程进展、专业特点，分批组织开展标准施工工艺相关知识、首件样板操作流程及工艺标准的培训，提高一线工程建设人员质量意识和质量保证能力，确保最优施工人员参加标准施工工艺应用与创新的实施，推动标准施工工艺成果的深化应用。严把材料采购和进场质量验收关，严格执行材料采购责任制和验收责任制，从根本上杜绝不合格材料混入现场。加强施工过程的巡回检查，及时发现并纠正发生的问题。严格执行质量验收制度，上道工序质量不验收合格，不得进行下一道工序的施工。质量控制上实行 PDCA 循环，不断提高施工工艺质量和质量管理水平。

针对工艺难点和创新点，开展 QC 小组活动，研究标准施工工艺应用、改进和创新的管理措施和技术措施，确保工艺改进和创新工作取得成果，确保标准施工工艺示范工地建设目标的实现。

结合质量通病防治工作，进一步强化标准施工工艺应用和创新工作。国家电网公司提出重点整治的质量通病，需对其对应的标准施工工艺、施工流程和方法进行分析研究，查找质量通病产生的原因，完善和改进施工流程和方法，确保标准施工工艺质量标准的实现，从而解决质量通病。

以争创项目管理流动红旗为契机，将标准施工工艺应用与创新工作分解到流动红旗创建中。通过项目管理流动红旗检查评比活动，查找分析示范工地建设和标准施工工艺应用创新工作中存在的不足和问题，研究改进措施和提升工艺质量的方法，进一步深化和提升标准施工工艺的应用与创新工作。

制定成品保护措施，做好防护措施技术交底工作。加强教育，提高施工人员的成品保护意识，施工中不污染、不损坏他人成品。加强工序间和各专业间的成品保护工作，制定成品保护惩罚措施，加强对成品、半成品的保护，保证标准施工工艺应用成果的完整性。

建立奖惩机制，开展争先创优活动。班组广泛、积极参与是标准施工工艺应用、改进、创新目标实现的根本保证。设立示范工地，建设奖励基金，组织开展工艺明星竞赛活动，形成“比、学、赶、帮、超”的良好氛围，调动广大建设工人的积极性，提升班组的创新能力。

在标准施工工艺示范工地建设期间，示范工地建设领导组、工作组和实施组根据各自的职责分工，分阶段对示范工地建设情况进行检查、督导，对标准施工工艺应用、改进、创新成果进行检查和评估。总结经验、查找不足，分析原因，组织参建单位研究制定对策措施，做到标准施工工艺示范工地建设水平持续提升。

（四）交流学习，共同进步

为做好交流学习工作，及时收集整理示范工地建设过程中质量控制方面的数码照片，对已完成的标准施工工艺应用、改进及创新成果进行汇总，制作标准施工工艺应用、改进、创新图册及 PPT 汇报材料，便于前来参观的人员交流学习，查找分析标准施工工艺示范工地建设中存在的不足和标准施工工艺应用、改进、创新中存在的问题，提出改进措施和提升工艺水平的建议，从而进一步做好标准施工工艺示范工地建设。

（五）总结提高，不断完善

为持续提升示范工地建设和标准施工工艺应用与创新水平，工程竣工后，应及时总结示范工地建设的经验及标准施工工艺应用、改进和工艺创新的成果，汇总示范工地建设过程中的数码照片，制作 PPT 总结材料。组织有关专家对标准施工工艺示范工地建设的实施情况进行检查，对工艺应用、改进和工艺创新成果进行评价，形成评价意见，形成图文并茂的工作总结，不断提高。

思考与练习

1. 在工程建设管理中，落实标准施工工艺采取的措施有哪些？具体是什么？

2. 在工程建设施工过程中，如何落实样板引路及效果应用？

3. 在工程建设进度管理中，影响工程标准施工工艺推广应用的因素有哪些？如何克服存在的不利因素？